码上学技术·农作物病虫害快速诊治系列

U0687467

小麦病虫草害
诊断与防治原色图谱

孙炳剑　王红卫　刘晓光　孙航军　编著

中国农业出版社
北　京

Foreword
前　言

　　小麦是我国重要的粮食作物，小麦病虫草害种类繁多，发生危害情况复杂，严重威胁着小麦安全生产。为了提高小麦病虫草害识别和防控水平，应中国农业出版社之邀，我们组织有关专家整理了大量小麦病害症状、害虫为害状、害虫及天敌形态、麦田杂草等高质量的原色生态照片，总结了小麦病虫草害综合防控方面多年的实践经验，编撰了一部形象直观、易学易记、实用性强的科普工具书——《小麦病虫草害诊断与防治原色图谱》。本书共分四部分，第一部分为小麦病害，共介绍了24种侵染性病害及6类非侵染性病害，由河南农业大学孙炳剑教授和孙航军副教授撰写。第二部分为麦田害虫，介绍了17种麦田害虫。第三部分为麦田天敌昆虫，介绍了7种麦田常见天敌。第二部分和第三部分由河南农业大学刘晓光副教授撰写。第四部分为麦田杂草，介绍了19种麦田常见杂草，由河南农业大学王红卫教授撰写。为便于读者阅读、理解，精心制作了展示小麦病虫草田间实际发生情况的短视频12个。全书统稿由孙炳剑教授完成。

　　本书的编写工作得到河南农业大学李洪连教授全方位的指导和帮助，并提供了大量的小麦病害图片；国家小麦工程技术中心谢迎新研究员提供了小麦冻害和旱害等图片；河南省农业科学院植物保护研究所吴仁海研究员提供了小麦除草剂药害图片；河南省洛阳市偃师区植物保护植物检疫站张飞跃研究员提供了小麦腥黑穗病图片；河南省沁阳市植物保护植物检疫站徐小娃研究员提供了小麦霜霉病图片；河南农业大学王振跃教授提供了小麦根腐线虫图片；河北省农林科学院植物保护研究所巩中军副研究员提供了麦红吸浆虫的全部图片；河北省农林科学院植物保护研究所邸垫平研究员提供了小麦丛矮病图片；河南农业大学郭线茹教授和漯河农业科学院范志业副研究员提供了部分小麦害虫图片；南阳师范学院刘宗才教授提供了部分麦田杂草图片。中国农业出版社为本书的编辑出版付出了辛勤劳动，在此表示衷心感谢。本书出版得到宁夏回族自治区重点研发计划项目（2023BCF01016）和河南省重大公益性科研专项（201300111600）的支持！

随着气候条件、种植结构、栽培模式、小麦品种等的变化，小麦病虫草害的种类和发生情况也在不断变化，本书在编写过程中以田间实际情况为主，有些新出现的病虫草害，发生面积小，研究少，暂未收录，有待今后进一步完善。小麦病虫草害在不同环境条件和小麦品种上的危害特征存在差异，书中展示的图片无法代表所有情况，望读者谅解，如发现不足或错误，敬请批评指正。

编著者

2024年6月

Contents

目　录

小 麦 病 害

一、小麦侵染性病害

（一）真菌和卵菌病害

小麦真菌和卵菌病害主要包括锈病、赤霉病、白粉病、纹枯病、全蚀病、根腐病、茎基腐病、各类叶枯（斑）病、黑穗（粉）病、黑胚病等，其中锈病、赤霉病、白粉病和纹枯病等危害严重，严重影响小麦的产量和品质。

小麦条锈病

小麦条锈病俗称"黄疸病"，是影响小麦安全生产的重大真菌病害。小麦条锈病中度流行年份造成减产10%～20%，特大流行年份造成减产高达50%～60%，严重田块甚至绝收。小麦条锈病2020年被列为我国一类农作物病虫害。

病原学名：*Puccinia striiformis* f. sp. *tritici*，条形柄锈菌小麦专化型，属于真菌界担子菌门柄锈菌属。

症状：小麦条锈病主要危害叶片，严重时也危害叶鞘、茎秆和穗部。

叶部症状：病菌侵染小麦叶片，最初产生褪绿斑点，逐渐形成夏孢子堆，夏孢子堆较小，后期小麦叶片表皮破裂，散出鲜黄色粉末（夏孢子）。夏孢子堆一般出现在小麦叶片正面，有时也可出现在叶片背面。典型的特征是夏孢子堆虚线条状排列，与叶脉平行。病菌侵染苗期叶片，夏孢子堆多呈散乱状分布，少数叶片上夏孢子堆呈多层轮状排列。发病后期，病部出现较扁平的短线条状黑褐色斑点（冬孢子堆）。冬孢子堆狭长形，埋于寄主表皮下。

| 小麦条锈病初期症状 | 小麦条锈病中期症状 | 小麦条锈病典型症状 | 小麦条锈病后期症状 | 小麦条锈病苗期叶片症状（夏孢子堆呈轮状排列） |

穗部症状：病菌侵染小麦穗部，在麦芒、颖壳及颖壳内部可见大量的鲜黄色夏孢子。

小麦条锈病穗部症状

小麦条锈病发病中心

小麦条锈病重病田

发病规律： 小麦条锈病菌在海拔 1 400 米以上山坡和高原地区的冬、春麦自生麦苗和晚熟春麦上越夏。秋季小麦播种后，越夏区菌源随气流传播，侵染冬小麦麦苗。秋苗发病后，雨水多或经常结露时，病菌可繁殖 2 ～ 3 代，形成发病中心。小麦条锈病菌以侵入小麦叶组织的菌丝体越冬。当旬平均温度降到 1 ～ 2℃时，小麦条锈病菌进入越冬阶段，越冬临界温度为月平均温度 −7 ～ −6℃，但在积雪覆盖的麦田，月平均温度低于 −10℃仍能安全越冬。随着全球气候变暖和病菌耐高温能力增强，小麦条锈病菌越冬区域向高海拔地区扩展，越夏区域向低海拔地区延伸。早春旬平均温度上升到 2 ～ 3℃，病叶中越冬的菌丝体开始形成夏孢子堆，若遇雨或结露，可侵染新生叶片，开始春季流行。春季干旱少雨，造成越冬病叶大量死亡，不利于病害的流行。小麦条锈病菌新小种的产生和发展，是导致小麦抗病性丧失和条锈病流行的关键因素。夏季多雨，促进越夏菌源的繁殖和秋苗发病；冬季多雨雪有利于病菌越冬；春季气温偏高，降雨早，降雨多，造成病害早流行和大流行。

防治方法： ①根据小麦条锈病菌生理小种的种类及分布，因地制宜选择适宜的抗病丰产品种，合理布局，避免大面积种植单一品种。②适期晚播，降低秋苗发病率；控制氮肥用量，增施磷、钾肥；合理排灌，控制麦田湿度，发病严重的麦田，要适当灌水，减少产量损失。③种子处理可选用三唑酮（干种子重的0.03%，有效成分）、三唑醇（干种子重的0.03%，有效成分）、烯唑醇（干种子重的0.02%，有效成分）、30克/升苯醚甲环唑悬浮种衣剂（药种比 1 ： 500 ～ 1 ： 333），60克/升戊唑醇悬浮种衣剂（药种比 1 ： 3 333 ～ 1 ： 1 667）。充分拌匀，以免发生药害。苗期和成株期喷雾防治病害，可以使用的药剂有：50%粉唑酮可湿性粉剂 8 ～ 12克/亩[*]、30%己唑醇悬浮剂8 ～ 12毫升/亩、12.5%烯唑醇可湿性粉剂30 ～ 50克/亩、15%三唑酮可湿性粉剂100 ～ 120克/亩、250克/升丙环唑乳油30 ～ 40毫升/亩、430克/升戊唑醇悬浮剂12 ～ 18毫升/亩、2%嘧啶核苷类抗菌素水剂200倍液，可以兼治小麦纹枯病、茎基腐病、叶锈病、白粉病、叶枯病等病害。

---

* 亩为非法定计量单位，15亩＝1公顷。全书同。——编者注

小麦叶锈病

叶锈病是小麦三种锈病中分布最广、发生最普遍的一种病害，在我国各麦区经常暴发流行。

病原学名：*Puccinia triticina*，小麦隐匿柄锈菌，属于真菌界担子菌门柄锈菌属。

症状：小麦叶锈病一般只危害小麦叶片，少数危害叶鞘，几乎不危害茎秆或穗。小麦叶片受害后，侵染点产生近圆形橘红色夏孢子堆，较条锈病的夏孢子堆大，颜色深，散生。多发生在叶片正面，少数情况下病菌可穿透叶片，同时在叶片两面形成夏孢子堆。表皮破裂后散出黄褐色粉末（夏孢子）。后期在叶背面散生冬孢子堆，暗褐色至深褐色，椭圆形。病害从下向上发展，可造成旗叶布满夏孢子堆，危害严重时，导致小麦整株叶片干枯，早衰，籽粒灌浆不饱满。常与小麦白粉病、条锈病混合危害。

小麦叶锈病典型症状（夏孢子堆）

小麦叶锈病典型症状［冬孢子堆（黑色），叶背形成夏孢子堆（橘红色）］

小麦叶锈病和条锈病混合发生（叶锈病菌夏孢子堆橘红色，条锈病菌夏孢子堆黄色）

小麦叶锈病和白粉病混合发生（叶锈病菌夏孢子堆橘红色，白粉病病斑白色）

小麦叶锈病重病田

小麦叶锈病抗感品种对比

发病规律：冬小麦收获后，小麦叶锈病菌转移到自生麦苗上越夏。秋季，冬小麦出苗后，病菌从自生麦苗转移到小麦上危害。以菌丝体潜伏在叶组织内越冬。冬季气候温暖，有利于病菌越冬。春季旬平均温度稳定在10℃以上后，小麦叶锈病菌夏孢子萌发产生芽管进行侵染，形成新的夏孢子堆和夏孢子，条件适宜时，5～6天完成一个病程。病菌夏孢子借助气流扩散，进行多次再侵染。春季温度回升早且多雨露，叶锈病发展早，发病重。小麦抽穗前后降雨次数多，病害即可流行。即使雨水较少，但田间湿度较高时，病害仍有可能流行。自生麦苗多，有利于小麦叶锈病菌越夏；冬小麦播种早，有利于小麦叶锈病菌越冬；追氮肥过多、过晚，种植密度过大，后期大水漫灌等农业管理措施不当，易导致小麦叶锈病后期流行危害。

防治方法：采取以种植抗病品种为主，以健身栽培预防和药剂防治为辅的综合防治措施。①种植耐病性、避病性、慢病性等品种。②小麦收获后，及时翻耕灭茬；播种前清除麦田及周边的杂草，适期晚播；合理密植，控氮增施磷钾肥；多雨的地区要及时排水降低田间湿度，干旱地区要及时灌水，以补偿植株丧失的水分，减少产量损失。③用苯醚甲环唑、戊唑醇、三唑醇、三唑酮、烯唑醇、灭菌唑等三唑类杀菌剂处理种子，使用剂量参考小麦条锈病。可以预防秋苗发病。小麦拔节后，结合条锈病防控，当田间病株率达5%以上时开始喷药防治。药剂可以参照小麦条锈病，隔10～20天施药1次，防治1～2次，还可以兼治白粉病、叶枯病等病害。

小麦白粉病

随着矮秆小麦品种的推广和水肥条件的改善，小麦白粉病发病面积和范围不断扩大，以西南和黄淮海麦区发生较重。小麦白粉病危害的麦田一般减产10%左右，严重地块损失高达20%～30%，个别地块甚至达到50%以上。

病原学名：*Blumeria graminis* f.sp. *tritici*，禾布氏白粉菌小麦专化型，异名为 *Erysiphe graminis* f.sp. *tritici*，属于真菌界子囊菌门布氏白粉菌属；无性态为 *Oidium monilioides*，串珠状粉孢菌。

症状：白粉病在小麦苗期至成株期均可危害，主要危害小麦叶片，严重时也可危害叶鞘、茎秆和穗部。发病叶片初产生近圆形小型褪绿斑，逐渐形成白粉状霉斑，厚度约2毫米，是白粉病的典型特征。一般叶片正面病斑比背面多，下部叶片病斑多于上部叶片。病斑多时可愈合成片，并导致叶片发黄枯死。后期白粉状霉斑上生有许多黑色小点。发病严重时小麦植株矮小细弱，分蘖减少，穗小粒少，千粒重明显下降，对产量影响很大。

小麦白粉病叶部症状

小麦白粉病茎秆症状

小麦白粉病穗部症状

小麦白粉病苗期症状

小麦白粉病成株期症状

小麦白粉病与叶锈病混合发生

发病规律：小麦白粉病菌在自生麦苗上越夏，或以病残体上的闭囊壳在低温干燥条件下越夏。秋季冬小麦出苗后，侵染秋苗，以菌丝体潜伏在小麦下部叶片或叶鞘内越冬。冬季温暖，雨雪较多或土壤湿度大，有利于病菌的越冬。小麦白粉病菌的分生孢子和子囊孢子借助气流传播，可借助高空气流进行远距离传播。小麦白粉病菌遇到合适条件即可萌发，再侵染十分频繁。最适发病温度为15～20℃。小麦白粉病潜育期很短，8～11℃时为8～13天，14～17℃时为5～7天，19～25℃时仅为4～5天。干旱少雨不利于病害发生，随着相对湿度增加，病害会逐渐加重，但湿度过大、降雨过多则不利于分生孢子的形成和传播，对病害发展反而不利。在小麦植株下部白粉病呈水平方向扩展，以后逐步向上部蔓延，严重时可以危害穗部。氮肥施用过多、灌水量大、播期过早、播量过大，往往导致群体密度大，通风透光不良，叶片幼嫩，白粉病发生较重。田间水肥不足，植株生长衰弱，抗病性下降，也会引起病害严重发生。

防治方法：采取以推广抗病品种为主，辅之减少菌源、科学栽培和化学药剂防治的综合措施。①种植慢病性和耐病性品种，注意不同抗病基因类型的小麦品种轮换种植。②消灭自生麦苗，妥善处理带病麦秸。③适当晚播，控制氮肥用量，增加磷、钾肥特别是磷肥施用量。减少春灌次数，干旱时也应及时灌水。④采用戊唑醇、苯醚甲环唑、三唑酮、烯唑醇等进行种子处理或包衣，春季病株率达15%～20%或病叶率达5%～10%时，要及时进行喷雾防治。常用药剂有：25%丙环唑乳油25～35毫升/亩、30%嘧菌·氟环唑悬浮剂30～40毫升/亩、20%三唑酮乳油40～50毫升/亩、12.5%烯唑醇可湿性粉剂48～64克/亩、12.5%粉唑醇悬浮剂50～65克/亩、1%蛇床子素水剂150～200毫升/亩、40%腈菌唑可湿性粉剂10～15克/亩、40%吡唑醚菌酯悬浮剂30～40毫升/亩、75%肟菌·戊唑醇水分散粒剂15～20克/亩、300克/升氟唑菌酰胺悬浮剂20～30毫升/亩等。建议三唑类杀菌剂与其他类型的杀菌剂轮换使用，延缓病菌抗药性的发展。

小麦雪腐叶枯病

　　小麦雪腐叶枯病在我国西北、西南各省份和长江中下游地区均有发生。可引起芽腐、苗枯和基腐，叶枯、鞘枯和穗腐等。

　　病原学名：*Microdochium nivale*，雪腐微座孢，属于真菌界子囊菌门微结节霉属。

　　症状：小麦苗期至灌浆期，小麦雪腐叶枯病均可危害，主要引起小麦

小麦雪腐叶枯病病叶　　　　　　　　小麦雪腐叶枯病田间病株

叶枯，也可以引起芽腐、鞘腐和穗腐。叶片受害部位初为水渍状，后扩大为近圆形或椭圆形大斑，直径1～4厘米，边缘灰绿色，中央污褐色，多有数层不明显轮纹。病斑较大或较多时即可造成叶枯。病斑表面常形成砖红色霉层，潮湿时病斑边缘有白色菌丝薄层，有时产生黑色小粒点（子囊壳）。

发病规律：小麦雪腐叶枯病菌以菌丝、子囊壳在病残体中越夏或越冬。分生孢子或子囊孢子借风雨传播，直接侵入或由伤口侵入寄主，可进行多次再侵染，在小麦叶片上形成大量病斑，造成小麦干枯死亡。小麦抽穗后发生较重。潮湿多雨和冷凉的气候条件有利于该病的发生。秸秆还田有利于病菌越夏、越冬。冬小麦播种偏早或播量偏大，氮肥施用过多，植株群体过大，灌水过多，地势低洼，排水不良，有利于病害发生。小麦倒伏后发病更加严重。增施磷、钾肥可提高植株的抗病力，减轻病害的发生。矮秆小麦品种发生较重。

防治方法：小麦雪腐叶枯病的防治以农业防治和药剂防治为主。①使用健康无病种子，不从重病区调种。②选用抗病和耐病品种。③精细整地，秸秆粉碎并深翻，适期适量播种；施足基肥，增施磷、钾肥，避免过量、过晚施用氮肥；小麦生长后期不能大水漫灌，雨后要及时排水；喷施矮壮素等化学控旺剂，减少小麦倒伏。④使用戊唑醇、咯菌腈、苯醚甲环唑进行种子处理或包衣。在发病初期应及时喷洒杀菌剂进行防治。可使用70%甲基硫菌灵可湿性粉剂75～100毫升/亩、40%多菌灵悬浮剂100～125毫升/亩、30%戊唑·多菌灵悬浮剂70～100毫升/亩、20%三唑酮乳油40～42.5毫升/亩、12.5%烯唑醇可湿性粉剂30～50克/亩等进行喷雾防治。

小麦根腐叶枯病

小麦根腐叶枯病是目前小麦生产上最常见的叶部病害之一，危害小麦幼苗和成株期叶片，导致叶片早期枯死而减产。

病原学名：*Bipolaris sorokiniana* (Sacc.) Shoem，麦根腐双极蠕孢，属于无性型真菌双极蠕孢属。

症状：小麦根腐叶枯病是一种全生育期病害，可以危害小麦叶片、根部、茎基部、穗部和籽粒，造成苗腐、叶枯、根腐、穗腐和黑胚。危害小

小麦根腐叶枯病病叶

小麦根腐叶枯病病株

麦叶部,初期形成褐色近圆形或椭圆形较小病斑。后期形成典型的淡褐色梭形病斑,周围常有黄色晕圈。病斑相互愈合形成大斑,使叶片干枯。潮湿时病斑上可产生黑色霉层。

发病规律:小麦根腐叶枯病菌多以菌丝在病残体中越夏或越冬,或以菌丝体潜伏于种子内或以孢子附着于种子表面。小麦种子带菌多,常常造成烂芽或弱苗。病菌分生孢子借风雨传播,直接侵入或由伤口和气孔侵入寄主,多次再侵染,致使叶片上产生大量病斑,引起小麦干枯死亡。以抽穗至灌浆期发生较重。4月下旬至5月上旬降水量超过70毫米,发病严重,降水量40毫米以下则发病较轻。小麦开花期到乳熟期,相对湿度大于80%,有利于病害的发展和流行。秸秆还田有利于病菌越夏、越冬。麦田土地耕翻粗糙、杂草多、小麦植株群体过大、灌水过多、倒伏有利于病害发生。增施磷、钾肥可提高植株的抗病力,减轻病害的发生。

防治方法:选用抗病品种。农业防治措施参考小麦雪腐叶枯病的防治。推荐使用含有苯醚甲环唑、戊唑醇、咯菌腈等成分的杀菌剂进行种子处理。建议用70%氟环唑水分散粒剂8~12克/亩、50%戊唑·百菌清悬浮剂20~25毫升/亩、19%啶氧·丙环唑等微乳剂50~70毫升/亩,在小麦灌浆初期喷雾防治。

小麦壳针孢类叶枯病

小麦壳针孢类叶枯病在我国各产麦区均有发生危害，呈逐年加重趋势。

病原学名：*Septoria tritici* Roberge in Desmaz.，小麦壳针孢；*Stagonospora nodorum*（Berk.）Castellani & Germano，颖枯壳多孢，分别属于无性型真菌壳针孢属和壳多孢属。

症状：小麦壳针孢类叶枯病主要发生在小麦生长中后期，危害叶片和穗部，造成叶枯和穗腐。初发病为淡褐色卵圆形小斑，扩大后形成浅褐色近圆形或长条形病斑，亦可互相连结成不规则形较大病斑。一般下部叶片先发病，逐渐向上发展，重病叶常早枯。病斑上密生小黑点（分生孢子器）。

发病规律：小麦壳针孢类叶枯病菌多以菌丝体和分生孢子器在病残体中越夏或越冬，或以菌丝体潜伏于种子内，成为危害苗期小麦的初侵染来源。种子感病程度重，带菌率高，播种后幼苗发病率和严重度也高。田间病残体数量大，带菌率高，叶枯病流行的风险大。分生孢子借风雨传播，直接侵入或由伤口侵入叶片，可进行多次再侵染，致使叶片上产生大量病斑，干枯死亡。麦田土地耕翻粗糙，杂

小麦壳针孢类叶枯病病叶

草多，冬小麦播种偏早，播量偏大，氮肥施用过多，苗期受冻，群体密度过大，倒伏严重，发病重。麦田灌水过多，或地势低洼排水不良，特别是生长后期大水漫灌，有利于病害发生。增施磷、钾肥可提高植株的抗病力，减轻病害的发生。

防治方法：选用抗病品种。农业防治措施参考小麦雪腐叶枯病的防治。化学防治药剂可选用20%三唑酮乳油40～42.5毫升/亩、12.5%烯唑醇可湿性粉剂30～50克/亩、25%丙环唑乳油30～40毫升/亩、30%醚菌·氟环唑30～45毫升/亩、30%吡唑醚菌酯悬浮剂25～30毫升/亩等进行喷雾防治。

小麦赤霉病

小麦赤霉病是影响我国小麦产量和质量安全的第一大病害，既造成小麦产量下降，又会导致小麦蛋白质和面筋含量减少，出粉率降低。赤霉病病粒含有脱氧雪腐镰刀菌烯醇（deoxynivalenol，DON）和玉米赤霉烯酮（zearalenone，ZEA）等多种毒素，食用后可引起人、畜中毒，发生呕吐、腹痛、头昏等。2020年小麦赤霉病被列为我国一类农作物病虫害。

病原学名：*Fusarium graminearum* Schw.，禾谷镰孢（为主）；*Fusarium asiaticum*，亚洲镰孢（长江中下游麦区的优势种）；*Fusarium culmorum*（W. G. Smith）Sacc.，黄色镰孢；*Fusarium avenaceum*（Fr.）Sacc.，燕麦镰孢，均属于无性型真菌镰孢属。有性态为*Gibberella zeae*（Schw.）Petch，玉蜀黍赤霉，属于真菌界子囊菌门赤霉属。

症状：赤霉病危害小麦穗部，一般造成1～2个小穗发病，有时多个小穗或整穗受害。发病初期，被害小穗基部水渍状，后渐失绿呈褐色病斑，颖壳合缝处生出一层明显的粉红色霉层。单个小穗发病后，可以向上、下蔓延，危害相邻的小穗，并可伸入穗轴内部，使穗轴变褐坏死，导致上部未发病的小穗因失水枯死。后期病部出现紫黑色粗糙颗粒。发病籽粒皱缩干瘪，呈苍白色或紫红色，有时可见粉红色霉层。

小麦赤霉病重病田

小麦赤霉病病穗

小麦赤霉病病穗颖壳合缝
处的粉红色霉层

小麦赤霉病病穗上的黑色颗
粒（子囊壳）

健康麦粒（左）与小麦赤霉病病粒（右）

发病规律： 小麦赤霉病菌以子囊壳、菌丝体和分生孢子在麦秸、玉米秆、豆秸、稻桩、秕草等植物残体上，以及土壤中和带病种子上越冬。子囊孢子借气流和风雨传播至麦穗上，萌发产生菌丝，从颖片缝隙侵入小穗和花药,引起小穗凋萎。条件适宜时,被病菌侵染的小穗3～5天即可表现症状。随后病菌向相邻小穗扩展危害,并可以穿透穗轴破坏输导组织,导致侵染点以上的小穗枯萎。分生孢子借气流和雨水传播,进行再侵染,但是作用有限。在成熟期不一致的麦区,早熟品种的病穗可能为侵染中晚熟品种小麦提供一定量的菌源。小麦抽穗至扬花末期最易受病菌侵染,乳熟期以后,除非遇上特别适宜的阴雨天气,一般很少侵染。小麦抽穗扬花期,遇连续3天以上的降雨,且降水量大于30毫米,多雾、多露,以及雾霾天气会促进病害发生。地势低洼、排水不良、开花期灌水过多以及施氮肥过多、过晚等管理措施,导致田间湿度大,加重病情。小麦成熟后因降雨不能及时收割,赤霉病仍可继续发生;收获后晾晒不及时,会导致赤霉病病粒增加。

防治方法:防治小麦赤霉病应采取以农业防治和减少初侵染源为基础,充分利用抗(耐)病品种,小麦抽穗至扬花期及时喷洒杀菌剂相结合的全生育期综合防治措施。①种植中抗和耐病品种。②精选种子,清除病粒,控制播种量,适期播种。③控制氮肥施用量,适当提前追施氮肥;小麦扬花期应少灌水,注意排水降湿。④推广小麦与花生、大豆、蔬菜等作物轮作,减少小麦、玉米轮作模式,压低菌源基数;作物收获后,充分粉碎秸秆并深翻掩埋。⑤小麦成熟后要及时收获晒干。⑥种子处理防治芽腐、苗枯和茎基腐,可用咯菌腈、多菌灵、腈菌唑、苯醚甲环唑和戊唑醇等。⑦穗腐、秆腐的最适施药时期是小麦齐穗期至盛花期,可选用的药剂有1 000亿芽孢/克枯草芽孢杆菌可湿性粉剂15～20克/亩、5亿CFU*/克多黏类芽孢杆菌KN-03悬浮剂400～600克/亩、40%多菌灵悬浮剂100～125毫升/亩、500克/升甲基硫菌灵悬浮剂100～150毫升/亩、200克/升氟唑菌酰羟胺悬浮剂50～65毫升/亩、30%丙硫菌唑可分散油悬浮剂40～45毫升/亩、25%氰烯菌酯悬浮剂100～200毫升/亩、430克/升戊唑醇悬浮剂15～25毫升/亩、41%甲硫·戊唑醇悬浮剂50～75毫升/亩、25%多·福·硫磺可湿性粉剂200～300克/亩,或戊唑醇的混剂(与氰烯菌酯、百菌清、咪鲜胺、丙硫菌唑、甲基硫菌灵、福美双、井冈霉素等混配)。如果遇连阴雨3天以上,间隔5天,需进行二次防治。建议使用不同作用机制的药剂,可以延缓病菌抗药性发展。

---

*   CFU为菌落形成单位。全书同。

小麦黑胚病

小麦黑胚病又名籽粒黑点病。一般年份发病率20%～30%，多雨年份高达50%～70%。黑胚病病粒率直接影响到小麦商品粮的等级。同时，黑胚病菌可以产生交链孢霉醇、甲基醚、交链孢霉烯、细偶氮酸等毒素，人或牲畜摄入后会引起喘息或者呕吐的症状，长期食用，严重的会引起食道癌的发生。

学名：*Alternaria alternata*，链格孢；*A. teniussima*，细极链格孢，均属于无性型真菌链格孢属。*Bipolaros sorokiniana*，麦根腐双极蠕孢，属于无性型真菌双极蠕孢属。

症状：黑胚病主要危害小麦籽粒。由链格孢、细极链格孢侵染引起黑胚型，小麦籽粒胚部或胚的周围出现深褐色的斑点；由麦根腐双极蠕孢侵

健康麦粒（左）与小麦黑胚病轻病粒（中）、重病粒（右）

染引起花粒型，小麦籽粒带有浅褐色不连续斑痕，其中央为圆形或椭圆形的灰白色区域，引起典型的眼状病斑。

发病规律：小麦黑胚病菌以菌丝和分生孢子在病残体中，或以菌丝体潜伏于种子内或以孢子附着于种子表面越夏或越冬，是小麦苗期的主要初侵染源。病菌分生孢子在2～40℃条件下均可萌发，最适温度20～25℃。分生孢子借风雨传播，直接侵入或由伤口和气孔侵入。小麦籽粒形成期是黑胚病菌侵染期，面团期是侵染最佳时期，病菌侵染颖壳和小穗穗轴。播期过早，播量过大，施氮肥过多，春季追施氮肥偏晚，群体过大，田间潮湿，病害重。扬花期灌水，灌浆期叶面喷施氮肥会导致小麦黑胚率提高。小麦扬花期至成熟期降雨多、湿度大有利于黑胚病的发展，间歇性降雨比一次强降雨更能加重黑胚病的发生。高水肥麦田的黑胚率高于旱地。

防治方法：小麦黑胚病的防治应采用以抗病品种为主，农业防治为基础，药剂防治为重点的综合防治措施。①种植抗（耐）病品种。②选用无病种子，适期适量播种，控制田间植株群体密度；增施有机肥和磷、钾肥，减少扬花期以后的灌水次数和灌水量；小麦灌浆期叶面喷肥宜使用磷酸二氢钾，不建议使用尿素等氮肥。③推荐使用苯醚甲环唑、戊唑醇、咯菌腈等杀菌剂进行种子处理。在小麦灌浆初期药剂喷雾防治，建议用70%氟环唑水分散粒剂8～12克/亩、50%戊唑·百菌清悬浮剂20～25毫升、19%啶氧·丙环唑微乳剂50～70毫升/亩等进行喷雾防治。

小麦散黑穗病

小麦散黑穗病俗称乌麦、黑疸、灰包、火烟包等，在我国冬麦区及春麦区均有不同程度的发生和危害。一般发病比较轻，在1%～5%之间，严重地块可达10%。

学名：*Ustilago nuda*，散黑粉菌，属于真菌界担子菌门黑粉菌属。

症状：小麦散黑穗病属系统性侵染病害，多为整穗危害，但也有部分小穗或半节穗发病。发病小麦植株一般较矮而直立，通常抽穗前不表现症状。病株比健康小麦抽穗提早几天。最初发病的小穗外包一层灰色薄膜，里面充满黑粉（病菌冬孢子）。抽穗后不久，薄膜破裂，黑粉随风飞散，经风吹雨淋只剩下穗轴，无籽粒。

发病规律：小麦散黑穗病是典型的种传病害，系统侵染。病菌潜伏于

小麦散黑穗病病株

小麦种子胚中越夏，秋季小麦播种后，带菌种子可以正常萌发，种子胚里的菌丝随着麦苗生长，一直扩展到生长点，并随着植株生长而伸展。孕穗期，小麦散黑穗病菌扩展到穗部，在小穗内生长发育，发病植株抽穗较早。病穗上的冬孢子借风力传播到健花柱头上，孢子萌发产生菌丝，从子房下部或籽粒的顶端冠基部侵入，并穿透种皮和珠被，进入珠心，潜伏于胚部细胞间隙，当籽粒成熟时，菌丝体变为厚壁休眠菌丝，潜伏于种子胚内部。无再侵染。小麦开花期，在细雨和多雾、温度高的环境下，有利于冬孢子萌发和侵入，种子带菌率就高。开花期如遇暴风雨，可将病菌冬孢子淋于地下，限制病害传播扩散。

防治方法：小麦散黑穗病的防治应采用以种子处理为主，农业防治和抗病品种为辅的综合防治措施。①使用无病种子，小麦抽穗前，及时拔除育种田病株。②冬麦播种不宜过迟，春麦播种不宜过早，播种不宜过深。种、肥同播，每亩增施硫酸铵15千克，促苗早发。与非寄主作物实行1～2年轮作，或1年水旱轮作。③药剂拌种是防治小麦散黑穗（粉）病最经济有效的措施，每100千克种子可用种子处理剂60克/升戊唑醇悬浮种衣剂30～45毫升、30克/升苯醚甲环唑悬浮种衣剂200～300毫升、28%灭菌唑悬浮种衣剂12～18毫升、25克/升咯菌腈悬浮种衣剂200-300毫升，或含有以上药剂的复配种衣剂。

小麦腥黑穗病

　　我国有小麦光腥黑穗病和小麦网腥黑穗病。小麦光腥黑穗病主要分布在华北和西北各省份，小麦网腥黑穗病主要分布在东北、华中和西南各省份。小麦腥黑穗病整体发病很轻，但是近年来局部地区病情有所回升。小麦腥黑穗病可以导致小麦减产，同时病菌孢子产生有毒物质三甲胺，使面粉不能食用。用混有大量菌瘿和孢子的麦粒作饲料，会导致家禽和牲畜中毒。

　　病原学名：*Tilletia caries*，网腥黑粉菌；*T. foetida*，光腥黑粉菌，均属于真菌界担子菌门腥黑粉菌属。

　　症状：小麦腥黑穗病病株一般稍矮，分蘖增多，病穗短直，颜色较健穗深，初为灰绿色，后变灰黄色，病粒较健粒短而胖，因而颖片略开裂，露出部分病粒。病粒初为暗绿色，后变灰黑色，如用手指微压，则易破裂，内有黑色粉末（病菌冬孢子）。菌瘿因含有挥发性三甲胺，有鱼腥气味，所以称"腥黑穗病"。

小麦腥黑穗病病穗（灌浆期）

小麦腥黑穗病病穗（成熟期）　　　小麦腥黑穗病病粒（左）和健康麦粒（右）

发病规律：带菌种子是小麦腥黑穗病主要的初侵染来源，也是远距离传播的主要方式，其次是带菌的粪肥和土壤。带菌小麦种子萌发后，病菌冬孢子随之萌发，由芽鞘侵入幼苗，系统侵染达小麦生长点，并随小麦生长而发展。小麦孕穗期，病菌侵入幼穗的子房，使整个花器变成菌瘿。5～20℃时，病菌即可侵染小麦幼苗，侵染最适温度为9～12℃。春小麦早播，冬小麦晚播，温度低发病重。一般含水量40%左右的土壤，适于孢子萌发和侵染。土壤过于干燥或潮湿，均不利于孢子萌发。播种过深、覆土过厚、出苗时间长，会加重病害的发生。高山发病重，浅山丘陵次之，川道最轻；阴坡发病重，阳坡发病轻。

防治方法：小麦腥黑穗病防控需要加强产地检疫，一旦发现该病，要采取焚烧销毁等除害处理措施，其他防治方法参考小麦散黑穗病。

小麦秆黑粉病

小麦秆黑粉病又称"铁条麦"，曾经是亚洲、大洋洲以及美国西部等小麦主产区的主要病害，在中国北方冬麦区小麦秆黑粉病时有发生，个别年份危害严重。

病原学名：*Urocystis tritici* Korn，小麦条黑粉菌，属于真菌界担子菌门条黑粉菌属。

症状：小麦秆黑粉病主要危害麦秆、叶和叶鞘，拔节期以后症状最明显。在茎、叶、叶鞘等部位出现与叶脉平行的条纹状孢子堆，孢子堆略隆起，初为淡灰色条纹，逐渐隆起，后转深灰色至黑色，病组织老熟后，孢子堆破裂，散出黑色粉末（冬孢子）。病株多矮化、畸形或卷曲，多数病株不能抽穗而卷曲在叶鞘内，或抽出畸形穗。病株分蘖多，有时无效分蘖可达百余个。多数病株不能抽穗，并提前死亡。

小麦秆黑粉病病叶（条纹状孢子堆）　小麦秆黑粉病病叶（病组织开裂，散出冬孢子）　小麦秆黑粉病病株

发病规律： 小麦秆黑粉病菌主要以土壤传播，也可以通过种子和粪肥传播。在干燥土壤中病菌可存活多年。小麦秆黑粉病为系统侵染性单循环病害，小麦发芽后，土壤中越冬的病菌冬孢子萌发侵入幼苗芽鞘，并进入生长点，种子携带的病菌冬孢子随种子发芽而萌发。随着小麦的发育病菌进入叶片、茎秆，在病组织表皮下形成孢子堆，产生大量冬孢子团，翌年春季表现症状。土壤温度 9～26℃ 时病菌都可以侵染小麦，最适温度 14～21℃。播种期降雨少，墒情不足，土壤干旱，小麦出苗慢，有利于病菌的侵染。种子带菌率高，病田连作，病害重。

防治方法： 小麦秆黑粉病的防治参考小麦散黑穗病。另外，不同小麦品种对秆黑粉病的抗性相差很大，可以选用抗病品种。在河南，可以选择豫麦57（免疫）、运旱618、漯麦4-168、豫农001、偃展4410、04中36、百农矮抗58等高抗小麦品种。

小麦颖枯病

小麦颖枯病在国内冬、春麦区均有发生，以北方春麦区发生较重。一般叶片受害率50%以上，颖壳受害率超过10%，减产1%～7%，严重时甚至减产30%以上。

病原学名：*Stagonospora nodorum*，颖枯壳针孢，异名*Septoria nodorum*（颖枯壳多胞菌），属于无性型真菌壳针孢属。

症状：小麦颖枯病主要危害未成熟的穗部，也危害叶片、叶鞘和茎秆。典型病斑中央灰白色，边缘褐色，上生褐色小点（分生孢子器），有时布满菌丝。

穗部症状：小麦乳熟期危害严重，先在穗顶及上部小穗的颖壳上出现病斑，初为褐色斑点，后变成枯白色或中央灰褐色、边缘褐色的斑点，扩展至整个颖壳，严重时小穗不能结实。

小麦颖枯病初期症状　　　　小麦颖枯病后期症状　　　　小麦颖枯病小穗发病症状

叶片症状：小麦叶片上初为椭圆形淡褐色小点，后变成不规则形大斑，边缘有浅黄色晕圈，中央灰白色，病斑比叶枯病病斑色深，叶片正面病斑

比背面多，严重时引起叶片枯死。旗叶受害，多卷曲枯死。叶鞘受害变黄，使叶片早枯。

小麦颖枯病叶部症状

茎秆症状：茎节上病斑深褐色，形状不规则。病菌能侵入导管，将导管堵塞，使节部发生畸形、弯曲，变成灰褐色，上部茎秆易折断枯死。

发病规律：小麦颖枯病菌以分生孢子器和菌丝体在病残体或种子上越夏，也可以在自生麦苗上越夏。冬小麦出苗后，病菌即可侵染，以菌丝体在病株上越冬。春季，分生孢子可借风、雨传播。小麦连作、偏施氮肥、高水肥、高密度、田间湿度过大，会导致病害严重发生。小麦抽穗期若遇雨或多雾天气易导致病害流行。

防治技术：小麦颖枯病的防控应采取以减少菌源为主，结合种植耐病小麦品种和科学栽培的综合防治措施。①种植抗病品种。②麦收后及时灭茬，减少自生麦苗。播种前深翻土壤，配方施肥，增施有机肥。适时晚播，控制播量，避免大水漫灌。重病区进行轮作倒茬。③用苯醚甲环唑、咯菌腈、戊唑醇等杀菌剂进行种子处理。小麦抽穗至灌浆期进行喷雾防治，可选用的药剂有70%甲基硫菌灵可湿性粉剂75～100克/亩、25%丙环唑乳油25～35毫升/亩、12.5%烯唑醇可湿性粉剂48～64毫升/亩、60%嘧菌酯水分散粒剂10～20克/亩、25%吡唑醚菌酯悬浮剂30～40毫升/亩等，重病田隔5～7天喷1次，连续喷2～3次，可以兼防白粉病、锈病、叶枯病等。

小麦纹枯病

小麦纹枯病是长江中下游麦区和黄淮平原麦区的主要病害之一，对产量影响极大，一般使小麦减产10%～20%，严重地块减产50%左右，个别地块甚至绝收。

学名：*Rizoctonia cerealis* Vander Hoeven，禾谷丝核菌，属于无性型真菌丝核菌属。

症状：纹枯病在小麦的各生育期均可发生，主要危害植株基部的叶鞘和茎秆，造成烂芽、病苗、死苗、花秆、烂茎和枯孕（白）穗等多种症状。纹枯病典型症状是小麦茎秆上的云纹状病斑及菌核。

烂芽：小麦种子发芽后芽鞘受侵染后变褐枯死，造成小麦田缺苗断垄。

病苗和死苗：小麦3～4叶期，发病植株第1叶鞘上呈现中央灰白、边缘褐色的典型病斑，严重时造成死苗。

小麦纹枯病导致的烂芽　　　　小麦纹枯病苗期症状

小麦纹枯病苗期田间症状

　　花秆：小麦返青拔节后，发病植株下部叶鞘上产生中部灰白色、边缘浅褐色的云纹状病斑，多个病斑融合，形成云纹状的花秆，条件适宜时，病斑向上扩展，并向内扩展到小麦茎秆，在茎秆上出现近椭圆形的"眼斑"，病斑中部灰褐色，边缘深褐色，两端稍尖。由于茎部腐烂，后期极易造成倒伏。田间湿度大时，拔节期病叶鞘内侧及茎秆上可见蛛丝状白色的菌丝体，以及由菌丝纠缠形成的黄褐色菌核。

小麦纹枯病拔节期症状

白色菌丝团	白色菌核（初期）	褐色菌核（老熟）	花秆

枯孕（白）穗：发病严重的主茎和大分蘖常抽不出穗，形成"枯孕穗"，有的虽能够抽穗，但结实减少，籽粒秕瘦，形成"枯白穗"。枯白穗在小麦灌浆乳熟期最为明显，发病严重时田间出现成片的枯死。小麦孕穗到成熟期，菌核近似油菜籽状，极易脱落到地面上。

小麦纹枯病造成的白穗	小麦纹枯病造成的白穗＋花秆

发病规律：土壤中的菌核或病残体中的菌丝体是小麦纹枯病的初侵染源，以菌核为主。小麦纹枯病菌可以随带菌土壤传播，灌水耕作等农事操作也可传播。小麦种子萌发后，土壤中越夏的菌核和病残体长出菌丝接触寄主后，直接侵入寄主，或从根部伤口侵入。冬前发病植株可以带菌越冬，春季随着气温逐渐回升，病菌开始大量侵染小麦植株，拔节后期至孕穗期病害达到高峰，病菌向上并向内侵入茎秆，形成花秆，危害程度加重。抽穗以后，田间出现枯孕穗和枯白穗。发病部位的菌丝向周围蔓延扩展引起再侵染。冬前高温多雨有利于发病，春季3月至5月上旬的降水量与发病程度呈正相关。土壤中菌核数量多，早播，播量大，灌溉充足、氮肥过量施用有利于纹枯病发生流行。

防治方法：小麦纹枯病采取以改善农田生态条件为基础，结合药剂防治和种植耐病品种的综合防治策略。①选用当地丰产、耐病或轻度感病品种。②适时晚播，合理密植，平衡氮、磷、钾肥，高产田块应适当增施有机肥，返青期追肥不宜过重过晚，忌大水漫灌。③可用三唑类、苯吡咯类和甲氧基丙烯酸酯类杀菌剂进行种子处理，如每100千克种子可用60克/升戊唑醇悬浮种衣剂50～66.6毫升、22.4%氟唑菌苯胺悬浮种衣剂60～100毫升、15%三唑醇可湿性粉剂200～300克、30克/升苯醚甲环唑悬浮种衣剂200～300毫升、25克/升咯菌腈悬浮种衣剂168～200毫升、8%噻呋酰胺悬浮种衣剂200～250毫升、30%醚菌酯悬浮种衣剂33～67毫升等，另外，0.8%大黄根茎提取物悬浮种衣剂1 000～2 000毫升、1亿孢子/克木霉菌水分散粒剂2 500～5 000毫升等生防制剂可在小麦返青至拔节期进行喷雾处理，重点喷施小麦茎基部。病株率超过15%时即可用药，推荐使用的生物源农药有24%井冈霉素水剂37.5～50毫升/亩、井冈·蜡芽菌（2%井冈霉素+8亿孢子/克蜡芽菌）悬浮剂200～260毫升/亩等，也可以选用10%己唑醇悬浮剂15～20毫升/亩、240克/升噻呋酰胺悬浮剂15～20毫升/亩、250克/升丙环唑乳油30～40毫升/亩、25%吡唑醚菌酯悬浮剂30～40毫升/亩、7.5%混合氨基酸铜水剂200～250毫升/亩等化学药剂进行喷雾防治。

小麦全蚀病

全蚀病是小麦生产上的重要病害，也是重要的国内植物检疫

对象。一般病田造成减产10%～20%，重病田减产可达50%以上，甚至绝收。

病原学名：*Gaeumannomyces graminis* var. *tritici*，禾顶囊壳小麦变种，属于真菌界子囊菌门顶囊壳属。

症状：小麦全蚀病是一种典型的根茎部病害，主要危害小麦根部和茎基部第1～2节，造成"黑根"、"黑脚"、"黑膏药"和"白穗"等症状。小麦苗期至成株期均可感染全蚀病，以灌浆至成熟期症状最为典型。

黑根：感染全蚀病的小麦幼苗，叶色变浅，心叶内卷，基部叶片黄化，分蘖减少，植株矮小，生长衰弱，严重时可造成连片枯死。感病的小麦种子根、地下茎、部分次生根变黑褐色，产生大量褐斑，严重时病斑连合在一起，整个根系变黑死亡。特别是病根中柱部分变为黑色，俗称"黑根"。

黑脚：小麦返青至拔节期，病株返青迟缓，黄叶增多。拔节后叶片自下而上黄化，植株矮化。潮湿条件下，茎基部第1～2节变成褐色至灰黑色，俗称"黑脚"。

黑膏药：发病初期在变色根表面有褐色粗糙的匍匐菌丝。在潮湿条件下，发病后期茎基部表面及叶鞘内侧布满紧密交织的黑褐色菌丝层，俗称"黑膏药"。茎基部叶鞘内侧的菌丝层上可以产生疏密不均的黑色子囊壳，呈小粒点状。但是干旱条件下，病株基部黑脚症状不明显，也不产生子囊壳。

小麦全蚀病病苗（左）和健康苗（右）

黑脚

黑膏药

黑根＋黑脚

　　白穗：抽穗后，病株根系腐烂，早枯，形成"白穗"，导致穗粒数减少，千粒重下降。田间病株呈点片分布，有明显的发病中心，严重时全田植株枯死。

小麦全蚀病田间症状（发病中心）　　　　小麦全蚀病田间症状

发病规律：小麦全蚀病菌主要以土壤中病残体上的菌丝越夏或越冬。在自生麦苗、杂草或其他作物上寄生的全蚀病菌也可侵染下一季寄主作物。浇水、翻耕犁耙等农事操作可导致病菌近距离扩散。携带病残体的种子调运和机械跨区作业是全蚀病菌远距离传播的主要途径。小麦播种后，病残体上的全蚀病菌菌丝与小麦根接触，在根表面定殖形成附着枝直接侵入根表皮细胞，进一步扩展到皮层和木质部。全蚀病菌侵染的最适温度为10～20℃。小麦返青后，菌丝繁殖加快，沿根扩展，并侵害分蘖节和茎基部。拔节至抽穗期，菌丝继续蔓延，根及茎基部变黑腐烂，阻碍了水分和养分的吸收、输导，病株陆续死亡，灌浆阶段小麦植株会出现早枯和白穗症状。连作的小麦田，全蚀病发展到高峰后，不采取任何防治措施，病害会出现自然减轻的现象。提高土壤肥力可减少高峰期的损失并促进自然消退现象提早到来。增施有机肥、铵态氮肥、磷肥等肥料后全蚀病严重度降低。小麦与玉米连作有利于病原菌在土壤中积累，与棉花、花生等作物轮作可有效控制病情的发展。实施免耕或少耕，降低土壤的通气性，能减轻发病。早播发病重，晚播发病轻。冬季温暖、晚秋早春多雨发病重。地势低洼、多雨潮湿等均可加重病情。

防治方法：小麦全蚀病的防治应在做好植物检疫的基础上，采取农业防治和药剂防治相结合的综合防治措施。①加强产地检疫，禁止从全蚀病疫区调运小麦种子。②选用高产耐病品种。③适当增施充分腐熟的有机肥以及硫酸铵或氯化铵、过磷酸钙等，增加土壤中钙、镁、锰、锌等微量元素，增强植株抗病力。零星发病区及时拔除病株并销毁。重病区与大豆、油菜、甘薯、马铃薯、棉花、烟草、西瓜及蔬菜等作物轮作，在稻作区实行1年以上的稻麦轮作。④种子处理，每100千克种子推荐药剂有125克/升硅噻菌胺种子处理悬浮剂167～333毫升、30克/升苯醚甲环唑悬浮种衣剂250～330毫升、60克/升戊唑醇悬浮种衣剂30～60毫升、15%嘧菌酯悬浮种衣剂180～260毫升，或用苯醚甲环唑复配制剂（与咯菌腈、戊唑醇复配）等，或者每100千克种子用1%申嗪霉素悬浮剂100～200毫升、5亿孢子/克荧光假单胞菌可湿性粉剂1 000～1 500克、80亿孢子/克地衣芽孢杆菌水剂等生防菌剂。

小麦普通根腐病

小麦普通根腐病分布很广，多雨年份和潮湿地区发生更重。根据小麦受害时期、部位和症状的不同，分别称为斑点病、黑胚病、青死病等。一般造成减产5%～10%，重则减产20%～50%，严重影响小麦的产量和品质。

病原学名：有性阶段*Cochliobolus sativus*（Ito et Kurib.）Drechsl ex Dastur，禾旋孢腔菌，属子囊菌门旋孢腔菌属；无性阶段*Bipolaris sorokiniana*（Sacc.）Shoem，麦根腐双极蠕孢，属无性型真菌双极蠕孢属。

症状：小麦普通根腐病是全生育期病害。苗期发病导致芽腐、苗枯，成株期发病形成根腐、叶枯、穗枯和黑胚等症状。干旱或半干旱地区，小麦发病多产生根腐型症状。潮湿地区，除产生根腐型症状外，还可形成叶斑、茎枯和穗颈枯死等症状。

芽腐和苗枯：种子带菌量高，导致发芽率较低，甚至不能发芽。或发芽后，种子根变黑腐烂，胚芽鞘和胚轴产生浅褐色病斑，后变腐烂，严重时幼芽腐烂，不能出土。发病轻的幼苗虽可出土，但茎基部、叶鞘以及根部产生褐色病斑，幼苗瘦弱，叶色黄绿，生长不良。

苗　枯

　　叶斑和叶枯：发病初期，在小麦叶片形成外缘黑褐色、中部浅褐色的梭形小斑。田间湿度大以及发病后期，病斑常呈长纺锤形或不规则形黄褐色大斑，上生黑色霉状物，严重时叶片提早枯死。叶鞘上为黄褐色、边缘不明显的云状斑块，其中掺杂有褐色和银白色斑点，湿度大时病部亦生黑色霉状物。

　　根腐和茎基腐：成株期，发病小麦地中茎及茎基部变黑色腐烂，腐烂部分可达茎节内部，茎基部易折断倒伏。

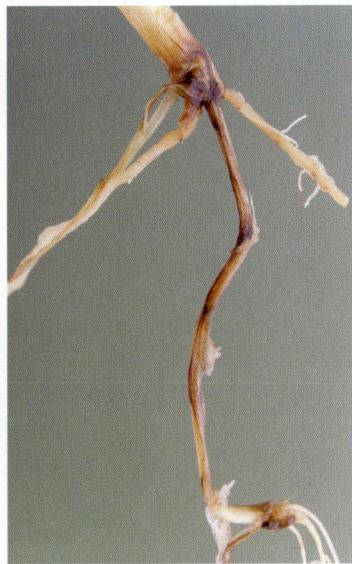

叶　枯　　　　　　　　　根　腐　　　　　　　　茎基腐＋根腐

　　穗枯：抽穗至灌浆期，重病株枯死呈青灰色，形成白穗。拔取病株可见根毛表皮脱落，根冠变褐色并黏附土粒。发病小麦颖壳基部初生水渍状病斑，后呈褐色不规则形病斑，潮湿情况下长出一层黑色霉状物（分生孢子梗及分生孢子）。穗轴及小穗梗变褐腐烂，重者整个小穗枯死，不结粒，或结干瘪皱缩的病粒。一般枯死小穗上黑色霉层明显。

　　黑胚粒：发病小麦植株的种子种皮上形成不定形病斑，尤其边缘黑褐色、中部浅褐色的长条形或梭形病斑较多。发生严重时胚部变黑，故有"黑胚病"之称。

白　穗

黑胚粒

发病规律：小麦普通根腐病菌以菌丝体潜伏于种子内外，或以菌丝体和分生孢子在病残体上越冬，随病残体腐烂而消亡。分生孢子的存活力随土壤湿度的提高而下降。带菌多的种子，一般发芽后腐烂而不能出土，或虽然可出苗，但植株生长弱。分生孢子借风雨传播，直接侵入或由伤口和气孔侵入，有多次再侵染。25℃时病害潜育期约为5天。病菌侵入小麦叶组织后，菌丝体在寄主组织间蔓延，并分泌毒素，导致病斑周围变黄，叶片枯死。小麦抽穗后，病原菌分生孢子从颖壳基部侵入危害，造成颖壳变褐枯死。颖片上的菌丝可以蔓延侵染种子，形成黑胚粒。连作、晚播、播种过深、土壤湿度过高或过低、土壤黏重或地势低洼，病害重。小麦开花期到乳熟期，干旱少雨造成根系生长弱也会加重病情，旬平均相对湿度80%以上时，较高的温度有利于病情发展。小麦穗期多雨、多雾而温暖易引起枯白穗和黑胚粒，导致收获的种子带菌率高。

防治方法：小麦普通根腐病的防治策略可采取利用抗病品种、栽培措施防病和药剂防治相结合的综合措施。①选用抗病品种。②与豆类、马铃薯、油菜、亚麻、蔬菜或其他非禾本科作物实行3～4年轮作。做好防冻、防旱，以及防治地下害虫。及时消除田间禾本科杂草。播前精细整地，施足基肥，使用饱满健康的种子，适时播种，严格控制播种深度在3～4厘米，科学灌水。③每100千克种子推荐使用25克/升咯菌腈悬浮种衣剂150～200毫升、23%戊唑·福美双悬浮种衣剂180～250毫升、15%多·福悬浮种衣剂1 250～1 665克、60克/升戊唑醇悬浮种衣剂50～66.6毫升、15%三唑醇可湿性粉剂200～300克、30克/升苯醚甲环唑悬浮种衣剂200～300毫升等进行种子处理。在孕穗至抽穗期、发病初期及时喷药进行防治。推荐药剂有250克/升丙环唑乳油30～40毫升/亩、25%吡唑醚菌酯悬浮剂30～40毫升/亩等。

小麦茎基腐病

小麦茎基腐病又称旱地脚腐病、冠腐病、镰孢菌茎基腐病。目前该病在我国河南、河北、山东、陕西，以及安徽和江苏北部普遍发生，部分地区损失严重。在河南北部、山东大部、河北中南部等地一些麦田因茎基腐病造成的损失率达50%以上，部分地块几乎绝收。

学名：*Fusarium pseudograminearum*，假禾谷镰孢；*F. culmorum*，黄色镰孢；*F. graminearum*，禾谷镰孢，均属于无性型真菌镰孢属。

症状：茎基腐病是小麦全生育期病害，主要症状包括烂种、死苗、茎基部褐变和枯白穗。

烂种和死苗：小麦种子萌发前，如果条件适宜，茎基腐病可导致小麦种子腐烂，苗期受到侵染后，初表现为茎基部叶鞘和茎秆变褐，进一步发展可引起根部变褐腐烂，严重时引起麦苗发黄死亡。

小麦茎基腐病苗期症状

苗 枯

茎基部褐变：小麦成株期，发病植株茎基部的第1～2个茎节变为褐色或巧克力色，严重时可扩展至第4茎节，俗称"酱油秆"。潮湿条件下，茎节处可见粉红色霉层，有时可见黑色子囊壳，茎秆内充满菌丝体。此为茎基腐病区别其他根茎部病害的典型特征。

茎基部变褐（酱油秆）

茎节处腐烂和粉红色霉层

黑色子囊壳

发病茎秆中充满菌丝

　　枯白穗：小麦灌浆期，随着病害发展，发病严重病株可形成典型的枯白穗症状，籽粒秕瘦，千粒重显著下降，早期枯死麦穗甚至无籽。

枯白穗

　　发病规律：小麦茎基腐病是典型的土传病害，主要以菌丝体的形式存活于土壤中及病株残体上，病残体上的病菌在土壤中可以存活2年以上。小麦茎基腐病病菌主要靠病残体及耕作措施在田间传播，病残体随种子进行远距离传播。病菌一般从小麦根部和茎基部侵入形成病斑，向上发展，严重时可引起3～4个茎节变褐，并造成枯白穗。长期连作、秸秆还田、早播、施用氮肥过多，发病严重。适当晚播、增施锌肥可减轻病害的发生程度。一般降水量高的年份和地区，禾谷镰孢引起的茎基腐病发生更为普遍；小麦生长中后期，干旱条件枯白穗症状更加明显，产量损失也较为严重。

　　防治方法：小麦茎基腐病防治应以农业措施和药剂防治为主，结合种植耐病品种和生物防治技术。①种植耐病品种。②与油菜、花生、棉花、水稻、蔬菜、中草药等作物轮作2～3年，重病田尽量避免秸秆还田，必须还田时应充分粉碎秸秆并深翻，或施用秸秆腐熟剂。适时晚播，控氮肥，增施磷、钾肥和锌肥。③种子处理或包衣，可使用三氟吡啶胺、戊唑醇、种菌唑、灭菌唑、苯醚甲环唑、多菌灵、氰烯菌酯等。④枯草芽孢杆菌、解淀粉芽孢杆菌、木霉菌等生防菌剂处理种子，或制成生物菌肥播种期撒施于土壤，对小麦茎基腐病也有一定防效。

小麦霜霉病

　　小麦霜霉病又称黄化萎缩病，主要分布在长江中下游麦区以及西北、华北、西南和青藏高原等麦区，近些年在黄淮麦区部分地区时有发生。

　　病原学名：*Sclerophthora macrospora* var. *triticina* 大孢指疫霉小麦变种，属于藻物界卵菌门指疫霉属。

　　症状：小麦霜霉病侵染的麦苗叶片淡绿或有轻微条纹状花叶。返青拔节后染病叶变宽变长，叶片变厚，皱缩扭曲，颜色变深，并出现黄白条形花纹，病株矮化，分蘖增多，剑叶畸形，不能正常抽穗或穗从旗叶叶鞘旁拱出，弯曲成畸形龙头穗，部分颖片变厚或颖片变叶片状。有时形成各种"疯顶症"。潮湿时，发病部位有时可见稀疏的霜状霉层。

小麦霜霉病龙头穗　　　　　　　　　　小麦霜霉病田间症状

　　发病规律：小麦霜霉病菌以土壤传播为主，也可以由种子传播。病菌卵孢子在病残体或土壤中越冬（夏），条件适宜时，卵孢子萌发产生游动孢子，并从小麦幼芽侵入，进行系统性侵染。10～20℃是病害发生的适宜温度，15～25℃为病害显症的温度。苗期灌水量大、地势低洼、田间积水等条件有利于病害的发生。

防治方法：小麦霜霉病的防控关键是降低田间湿度。①选种抗病品种。②改善田间排灌条件，避免田间低洼积水，防止大水漫灌。提高播种质量，麦收后及时清除病残体。③可使用甲霜灵、精甲霜灵或含有精甲霜灵的种衣剂（杀菌剂）进行拌种处理。

（二）细菌病害

小麦黑颖病

小麦黑颖病又称细菌性颖斑病、细菌性条斑病，是一种世界性病害。部分地区发病率达到20%～30%，甚至达到80%以上。近些年该病害在我国黄淮麦区有明显上升趋势。

病原学名：*Xanthomonas translucens* pv. *undulosa*，*Xanthomonas campestris* pv. *translucens*，均属于黄单胞菌属细菌。

症状：小麦幼苗至成熟期皆可发病，叶部发病初期为水渍状斑点，后期呈条状，病部可见黄色小颗粒晶体或胶体，潮湿天气可见细菌溢脓，病

小麦黑颖病病叶　　　　　　　　　　　　小麦黑颖病病穗

叶在 1 ～ 2 天内可完全枯死。病株穗颈上发生黑褐色、宽条状或密集的斑点状病斑，颖壳变色，变色也能延及麦芒，有时引起全穗褐变，穗长减短，个别小穗穗梗出现黑褐色。病种子干缩，潮湿时病部有细菌溢出。多数患病植株从茎基部又生出分蘖，但不能抽穗结实。

发病规律：小麦黑颖病菌在种子、病残体上越冬、越夏，由种子、土壤中的作物残体、杂草、雨水、昆虫等带菌传播，种子带菌是主要初侵染来源。病菌从气孔或伤口侵入，有多次再侵染。小麦黑颖病潜育期随温度升高而缩短，适宜温度为 22℃。低温、潮湿有利于病菌的侵入和发展，暖冬有利于病菌的越冬，返青拔节期温度回升快有利于病害的发生。雨水多，夜间结露多，发病重。土壤肥沃，播种量大，偏施氮肥的麦田，田间郁闭，通风透光不良，导致发病严重。

防治方法：①加强品种抗性鉴定工作，明确小麦品种抗性，科学利用抗性品种。②播前 52℃ 温汤浸种或用新植霉素浸种。发病初期使用噻菌铜、噻森铜、三氯异氰尿酸钠喷雾防治。③解淀粉芽孢杆菌、枯草芽孢杆菌、中生菌素等生防制剂喷雾防治也有较好的防治效果。

（三）病毒病害

小麦黄花叶病

小麦黄花叶病是我国冬小麦种植区危害最严重的病毒病，受害较重的省份有河南、山东、江苏、安徽、陕西和湖北等。一般发病田块可造成减产 30% ～ 70%。由中国小麦花叶病毒（*Chinese wheat mosaic virus*，CWMV）引起的小麦花叶病，仅在山东和江苏的局部地区发生，常与小麦黄花叶病毒复合侵染，造成更加严重的症状。

病原学名：*Wheat yellow mosaic virus*（WYMV），小麦黄花叶病毒，属于马铃薯 Y 病毒科大麦黄花叶病毒属。

症状：小麦黄花叶病主要危害时期是小麦苗期到拔节期，危害部位是叶片，小麦抽穗后黄色花叶症状明显减轻，但是株高较正常植株矮。典型的症状是受害小麦心叶上呈现褪绿条纹或黄花叶症状。最初发病植株心叶上出现断续不清的褪绿条纹，继而发展成与叶脉平行、宽窄不一的条斑或梭形条斑，叶片由淡绿色逐渐变黄色。发病盛期叶片呈淡黄绿色至亮黄色，严重时心叶扭曲、植株矮化、分蘖减少，甚至造成植株死亡，从远处看病田呈现高低不一、黄绿相间的斑块，发病后期老叶上出现坏死斑。感病小麦成熟期成穗率下降，穗短小，秕籽多，部分小穗死亡。不同小麦品种和气候条件对症状形成有显著影响。

小麦黄花叶病典型症状（新叶黄色花叶症状）

小麦黄花叶病苗期症状（不同品种及环境下症状存在差异）

小麦黄花叶病重病田

不同抗感品种田间表现

发病规律：小麦黄花叶病毒由禾谷多黏菌（*Polymyxa graminis*）传播，系统侵染普通小麦（*Triticum aestivum*）和硬粒小麦（*T. durum*）。禾谷多黏菌是一种专性寄生于禾本科植物根部的低等真核生物，对寄主生长和发育基本上没有影响，但是可以传播多种植物病毒而引起严重的病害。禾谷多黏菌最适生长温度为18℃，低于5℃休眠孢子不能萌发，高于28℃游动孢子不能正常游动。小麦黄花叶病毒在禾谷多黏菌的休眠孢子囊中越夏，秋播后孢子囊萌发产生游动孢子，病毒随游动孢子侵入小麦根部。禾谷多黏菌在小麦根部细胞内可发育成变形体并产生游动孢子进行再侵染。小麦近成熟时禾谷多黏菌在小麦根内形成休眠孢子囊，随病根残留在土壤中存活。休眠孢子带毒率比较低，只有1%～2%，但是携带病毒的休眠孢子具有很强的侵染能力，干燥的病土带毒时间可以超过10年。土壤中的休眠孢子囊可随耕作、流水等方式扩大危害范围。秋季降雨有利于病害的侵染，春季低温寡照有利于病害症状的表现。4～13℃是显症的最佳温度，当日均温大于20℃时，症状逐渐消失。一般年份病害在春季显症，条件特别适宜时，病害可以在当年12月初显症，严重影响小麦有效分蘖形成。连作感病小麦品种会导致该病害的流行，休耕能降低土壤的侵染性。感病品种的大面积推广种植是病害暴发流行的主要原因。

防治方法：①因地制宜选用适合本地种植的抗病品种，避免使用感病品种。②适当晚播，合理施肥，防止麦田干旱和积水，返青期喷施叶面肥、芸薹素类植物生长调节剂，重病田休耕、改种非禾本科作物或实行3年以上的轮作。

小麦黄矮病

小麦黄矮病也称"黄色瘟疫"，主要分布在西北、华北、东北、华中、西南及华东等冬麦区、春麦区及冬春麦混种区。受害小麦一般减产10%～20%，严重的可达到50%以上，个别地块甚至可造成绝产。

病原学名： *Barley yellow dwarf viruses*（BYDVs），大麦黄矮病毒，是黄症病毒科（*Luteoviridae*）多种病毒的总称。

症状： 在小麦秋苗期和春季返青后均可侵染发病，以春季症状比较明显。小麦感病后多表现为植株矮化，发病越早，矮化程度越明显。冬小麦越冬前被侵染，翌年常表现矮化，而越冬后被侵染则植株矮化不明显，能抽穗，但穗粒数少，千粒重下降。发病植株根系发育不良，叶尖出现倒V形黄化，黄色部分约占全叶的1/3～1/2。黄化部位略有增厚且表面光滑，尤其以旗叶症状表现明显。田间有典型的发病中心，严重时全田呈现多个大的发病斑块。

小麦黄矮病田间症状

小麦黄矮病重病田

发病规律：大麦黄矮病毒由蚜虫传播，麦二叉蚜和禾谷缢管蚜传播GPV株系，麦二叉蚜和麦长管蚜传播GAV株系，禾谷缢管蚜和麦长管蚜传播PAV株系，玉米蚜传播RMV株系。在冬麦区和冬春麦混种区，5月中下旬，各冬麦区小麦逐渐进入黄熟期，麦蚜因植株老化，带毒蚜虫转化为有翅蚜迁飞到越夏寄主上取食、繁殖并传播病毒。越夏寄主主要包括野燕麦、雀麦、小画眉草等禾本科杂草以及次生麦苗、晚熟春麦。秋季小麦出苗后，带毒蚜虫从越夏寄主迁飞回小麦秋苗上取食，感染秋苗，并以有翅成蚜和无翅成、若蚜在麦苗基部越冬，有些地区也可产卵越冬。到翌年春季，以冬前感染的小麦为发病中心，黄矮病随麦蚜的迁飞取食而发生流行。一般发病高峰分别出现在拔节期和抽穗期。冬小麦早播，有利于病害的流行。10月的平均气温高，降水量少，第二年1—2月的平均气温高，对麦蚜取食繁殖、传播病毒、安全越冬及早春提早活动等均较有利，容易导致麦蚜与小麦黄矮病的大发生和流行。3月如遇倒春寒，小麦的抗病性下降，利于病害流行。早春无雨或少雨利于蚜虫的暴发，会促进黄矮病的大流行。

防治方法：小麦黄矮病的防控措施应采取以选育和利用抗（耐）病品种为主，加强传毒介体防治、改进栽培技术为辅的综合防治措施。①种植抗病品种。②适时晚播，加强肥水管理，冬前合理灌溉，降低越冬虫源基数；及时清除麦田杂草和田间自生麦苗；小麦和豌豆、油菜间作，利用豌豆、油菜上的天敌昆虫控制麦蚜。③用40%辛硫磷乳油1∶（417～556）（药种比），或每100千克种子用30%吡虫啉悬浮种衣剂1 225～1 400毫升、30%噻虫嗪悬浮种衣剂300～400克等拌种或包衣，一般选择含有以上杀虫剂的复配种衣剂处理种子，可以同时防治苗期真菌病害。春季，使用0.5%苦参碱水剂60～90毫升/亩、25%吡虫啉可湿性粉剂8～16克/亩、25%吡蚜酮可湿性粉剂20～25克/亩、10%哌虫啶悬浮剂20～25毫升/亩、21%噻虫嗪悬浮剂4～5毫升/亩、70%啶虫脒可湿性粉剂2.7～3.3克/亩等，均匀喷雾防治蚜虫。

小麦丛矮病

小麦丛矮病也称"芦渣病""小蘖病""坐坡"。在小麦与棉花、玉米等作物间作套种的田块发病较重。轻病田减产10%～20%，重病田减产50%以上，甚至绝收。随着麦田套种模式减少，该病害明显减少。

病原学名：*Northern cereal mosaic virus*（NCMV），北方禾谷花叶病毒，属于弹状病毒属。

症状：小麦丛矮病的典型症状是植株矮化、分蘖显著增多，达20～30个不等，整株呈丛矮状，上部叶片可见黄绿相间的条纹。冬前发病越早，矮化越明显，甚至不能正常越冬而死亡。越冬的轻病株，返青后分蘖继续增多，植株细弱，严重矮化，叶部仍有明显的黄绿相间条纹，一般不能拔节抽穗或早期枯死。拔节以后，病毒侵染小麦可导致叶片显现条纹症状，矮化不明显，能抽穗，但穗小粒秕，千粒重下降。孕穗期基本不发病。

小麦丛矮病病田

小麦丛矮病病株

发病规律：北方禾谷花叶病毒可危害小麦、大麦、黑麦、粟（谷子）、燕麦、高粱及狗尾草、画眉草、马唐等24属65种作物及杂草。由灰飞虱（*Laodelphax striatellus*）传播，飞虱一旦获得病毒，便可终身传毒，但不能经卵传毒。灰飞虱秋季从病毒的越夏寄主上大量迁入麦田危害，造成早播麦田秋苗发病高峰。越冬代若虫主要在麦田、杂草上及其根际土缝中越冬，病毒也随之在越冬寄主和灰飞虱体内越过冬季，成为翌年的毒源。秋季染病晚的小麦植株，在早春陆续显症，形成一次发病小高峰。越冬代灰飞虱发育，继续危害麦田，造成春季病情高峰。当小麦、大麦进入黄熟阶段，第一代灰飞虱成虫迁出麦田，到其他禾本科寄主植物上生活。间作套种的麦田，秋季作物收获后不耕地，田间杂草多等条件下发病重。早播麦田发病重，适期播种发病轻；夏秋多雨年份，田间杂草大量滋生，有利于灰飞虱繁殖越夏；冬暖春寒有利于灰飞虱越冬，不利于麦苗的生长发育，有利于病害发生。

防治方法：小麦丛矮病的防治应采取农业防治为主，化学药剂治虫为辅的综合防控策略。① 取消小麦与其他作物间作套种模式，适时晚播，播种前清除杂草，及时耕地，冬季灌水保苗。②用含有吡虫啉、噻虫嗪的悬浮种衣剂处理种子。返青期防治灰飞虱，可选用10%吡虫啉可湿性粉剂10～20克/亩、50%吡蚜酮可湿性粉剂8～10克/亩、25%噻虫嗪水分散粒剂3～4克/亩等进行喷雾防治。

（四）线虫病害

小麦孢囊线虫病

小麦孢囊线虫病在黄淮麦区发生较重。病田小麦一般减产10%～20%，严重地块可减产80%以上，甚至绝收，严重威胁小麦生产。

病原学名：*Heterodera avenae*，燕麦孢囊线虫；*Heterodera filipjevi*，菲利普孢囊线虫，均属于异皮（孢囊）线虫属。

症状：孢囊线虫病是小麦全生育期病害，引起植株矮化、分蘖减少、形成须根团等。

苗期症状：孢囊线虫危害的小麦植株明显矮化，叶片发黄甚至干枯，麦苗瘦弱，似缺水缺肥状，一般不分蘖或分蘖明显减少，病根入土浅，根系分叉多而短，呈二叉型，形成须根团，严重时整个根系呈乱麻状。一般在小麦返青拔节期症状比较典型，部分重病区冬前小麦就出现明显症状，严重时甚至需要毁种重播。

小麦孢囊线虫病（冬前苗期）田间症状

烂　芽

不分蘖＋须根团（冬前苗期）

须根团（返青期）

抽穗期和灌浆期症状：发病田块小麦植株稀疏，成穗率低，穗小粒少。拔出小麦，发病植株根系上可见针头大小的白色雌虫，这是识别该病的重要标志。后期白色雌虫变为褐色孢囊，并脱落于土中。

小麦孢囊线虫病（灌浆期）田间症状

小麦孢囊线虫病病根上的白色雌虫

发病规律：小麦孢囊线虫在我国华中和华北麦区，一般1年只发生1代。主要以孢囊在土壤中越夏和越冬，部分地区也可通过二龄幼虫在土壤中和根组织内越冬。病田移土、田间流水、农机具和人畜携带病土等会导致病害在田间传播蔓延。暴雨冲刷和河水水流携带孢囊可造成线虫的远距离传播，跨区作业的联合收割机和施药机械携带土壤是其远距离传播的另一种重要途径。小麦播种后，持续的凉爽天气和湿润土壤可以提高线虫的孵化率，有利于二龄幼虫向植株根部的移动和侵入。小麦成熟期，白色雌虫老熟，脱落在土壤中，变为褐色的孢囊，成为下一季的初侵染来源。一般没有再侵染。线虫一旦侵入，若遇干旱天气或者早春低温，小麦受害严重。土壤含水量过高或过低均不利于线虫发育和病害发生，平均绝对含水量8%～14%有利于发病。与花生、棉花、马铃薯、大豆、油菜、大蒜、水稻等非寄主作物轮作的麦田，病害发生明显减轻，水旱轮作田基本上不发病。沙壤土及沙土地发病重，红棕壤、褐土、砂姜黑土等黏重土壤中发病轻。土壤瘠薄，肥水条件差，发病严重。土壤肥力好，特别是氮肥和磷肥充足，生长季节不缺水，小麦受害轻。海拔高的山地和丘陵地麦田，特别是梯田发病轻。

防治方法：小麦孢囊线虫病的防控应采取以选用抗（耐）病品种和农业防治为基础，辅以药剂防治的综合防治策略。①因地制宜，选择适合当地种植的较抗（耐）病的小麦品种。②将花生、油菜、棉花、马铃薯、蚕豆、水稻等作物与小麦进行2～3年轮作，可以明显减轻发病程度和提高小麦产量。增施有机肥、氮肥和磷肥，可以提高小麦抗逆能力；在小麦生长季节，避免土壤干旱，可减轻危害。彻底清除野燕麦等田间杂草寄主，适当晚播，播前土壤深翻后旋耕，播后镇压，也能减轻病害发生。③用含有阿维菌素或甲氨基阿维菌素苯甲酸盐的种衣剂进行种子包衣，如每100千克种子用30%阿维·噻虫嗪悬浮种衣剂560～840毫升。④嗜线疫霉、厚垣孢轮枝菌、白僵菌、芽孢杆菌、淡紫拟青霉、寄生曲霉、长枝木霉等生防菌株有望开发成防治小麦孢囊线虫病的生物制剂。

小麦根腐线虫病

小麦根腐线虫病常与真菌病害混淆，不易区分。而且小麦根腐线虫可以与细菌、真菌等病原物复合侵染，严重影响小麦生产。

病原学名：_Pratylenchus agilis_，小麦根腐线虫，属于垫刃目垫刃亚目短体科短体属（_Pratylenchus_）。

症状：根腐线虫在小麦整个生长季节都能危害，拔节期到灌浆期是病害的盛发期。

小麦根腐线虫主要侵染小麦根部，导致根部产生褐色斑点，侧根和根毛减少。多条线虫结集时，形成大的复合病斑，根部变褐腐烂，根系坏死。感病小麦植株矮小，生长势弱，分蘖减少，下部叶片变黄，呈萎蔫状，易与缺素症状混淆。根腐线虫为迁徙型线虫，田间分布不均，导致在田间呈斑块状或波浪形分布。

小麦根腐线虫病田间症状

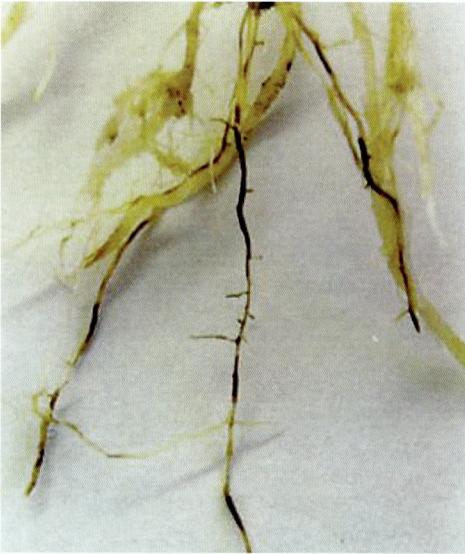

小麦根腐线虫病病根

小麦根腐线虫与假禾谷镰孢复合侵染症状

发病规律：小麦根腐线虫是一类迁徙型内寄生植物病原线虫，可以在土壤和寄主根内自由移动。土壤和植物病残体是线虫远距离传播的主要途径，同时农机具、农事操作工具、人畜携带的土壤、水流等也是传播途径。小麦根腐线虫多为无性繁殖。生长繁殖温度15 ～ 30℃，最适温度为25℃。卵孵化到幼虫大约需要10天，二龄幼虫开始在小麦根部皮层取食危害，会转移到新的根部取食，35天后发育为成虫，开始产卵。小麦生长季节，根腐线虫可以繁殖3 ～ 4代。成虫和卵可以以失水状态在土壤和植物残根内休眠，在杂草寄主根部和自生麦苗上越夏。夏季雨水充沛时，线虫复苏，开始活动，一旦土壤干燥，又重新进入休眠状态。小麦播种后，根腐线虫迁移至新生根内取食进行危害。高湿环境和雨水是根腐线虫活动的必需条件，土壤干燥导致线虫休眠，根腐线虫各时期都可以忍受干燥。田里施入大量的含氨基化合物的肥料可以减少线虫的数量。土壤肥力差的田块发病严重。

防治方法：①种植抗病或耐病品种。②选择花生、油菜、棉花、马铃薯、蚕豆、水稻等非寄主植物进行轮作。清除田间杂草、病株和自生麦苗。加强水肥管理，高水平的铵肥作为基肥可减少线虫数量。③药剂防治参考小麦孢囊线虫病。

小麦粒线虫病

小麦粒线虫病在我国冬、春麦区都有发生，其中长江中下游和华北冬麦区比较严重，曾经是国内重要的检疫对象。被害麦田一般减产10％ ～ 30％，严重的病田减产50％以上。

病原学名：*Anguina tritici*，小麦粒线虫，属于垫刃目粒线虫属（*Anguina*）。

症状：被小麦粒线虫病侵染的小麦苗直立，叶鞘松弛，叶片短阔，边缘皱缩，严重的枯萎死亡；小麦孕穗期以后，表现为植

小麦粒线虫病病穗

株矮小，茎秆粗、弯曲，一般仍能抽穗，但麦穗的一部分或全部不结实。结实的病穗颖壳外张，子房变为黑褐色、短而圆、较坚硬的虫瘿。瘿粒外形与小麦腥黑穗病的病粒相似，但不易压碎，内含物为白色棉絮状（线虫）。

小麦粒线虫病病粒（左）和健康籽粒（右）

发病规律：小麦粒线虫以虫瘿混杂在麦种中传播。小麦播种后，虫瘿在土壤中吸水，二龄幼虫复苏开始活动，活动半径为20～30厘米。幼虫由小麦芽鞘侵入生长点，幼穗分化期线虫侵入花，进一步危害子房，形成虫瘿。小麦收获时，虫瘿混在种子中或落入土中。种子中虫瘿多，病田连作，过晚播种，病害重；气候凉爽有利于线虫侵染危害。沙土干旱条件下发病重，土壤黏重、过于潮湿发病较轻。白皮小麦品种发病明显严重，红皮小麦品种发病较轻。

防治方法：①需严格进行种子检疫检验。②无病留种。③采取液体漂选和机械汰除等方法汰除麦种中的虫瘿。④重病田轮作3年以上，并清除其他所有寄主。④药剂拌种可以参照小麦孢囊线虫病。

二、小麦非侵染性病害

冻害

小麦各生育期均能发生，主要是越冬前的早霜冻害、返青期到拔节期的晚霜冻害（或倒春寒），冻害会造成小麦生长和穗发育受到严重影响，甚至绝收。

症状：

早霜冻害：一般只冻伤叶片，冻害特别严重时导致死蘖、死苗。分蘖受冻死亡的顺序为先小蘖，后大蘖，再主茎，最后冻死分蘖节。

晚霜冻害（或倒春寒）：主要是主茎、大分蘖幼穗受冻，形成空心蘖，外部症状表现不太明显，叶片轻度干枯。幼穗受冻死亡的顺序为先主

早霜冻害田间症状

茎，后大分蘖，再小分蘖。幼穗冻死后在旗叶叶鞘内不能抽出，或抽出的小穗全部发白枯死，或部分小穗枯死，形成半截穗。冻害后的穗部不同形态被农民朋友戏称"光棍汉""大肚汉""啤酒瓶""美女腰""手榴弹"（照片由谢迎新提供）。抽出的穗仅有部分结实，减产严重。冻害严重时，幼穗全部冻死，分蘖节上的潜伏芽会再生分蘖。

"光棍汉"

"大肚汉"

"啤酒瓶"

"美女腰"　　　　　　　　　　"手榴弹"

发生原因：小麦在越冬期或春季生长期遭受强降温或低温伤害。

防治方法：①培育和选用抗寒品种。②提高整地质量，适时适量播种，培育壮苗。播前精细整地，浇好底墒水，适时、适量、适深播种。③适时灌水、中耕保墒、镇压防冻。④加强水肥管理。对于冻害严重的麦田，主茎和大分蘖已经冻死，要及时追施肥水，促进小分蘖迅速生长，提高成穗率。加强中后期肥水管理，防止早衰。⑤拔节期叶面喷施矮壮素和多效唑，抑制植株旺长，降低株高，既能防倒也能防冻。

晚霜冻害（倒春寒）田间症状

深播弱苗

症状：播种过深，导致小麦不能正常出苗，或者出苗后生长不良，叶黄化，第一茎节过长，分蘖少。

深播导致小麦出苗困难　　　　　　　　深播苗

发生原因：由于整地质量差、土壤过于疏松、播种过深，导致小麦出苗差、苗情弱、抗旱抗冻能力差，严重影响小麦的生长和最终的产量。目前深播弱苗常有发生。

防治方法：提高整地质量，控制播种深度，播前压实土壤，播后镇压，适时适量播种，培育壮苗。已发生深播弱苗的地块，结合中耕改善土壤通透性，促进根系生长发育，去掉部分覆土。

倒伏

倒伏常发生在小麦生育中后期，严重影响小麦籽粒灌浆和成熟，导致千粒重降低，影响小麦高产、稳产。同时还会影响小麦机械收割效率。

症状：小麦倒伏可分为根倒伏和茎倒伏两种。茎倒伏更常见，损失较大；根倒伏多发生在小麦生长晚期，损失较小。灌浆前早期倒伏主要影响粒数和粒重；灌浆后晚期倒伏主要影响粒重。

小麦灌浆后期倒伏

小麦成熟期倒伏

发生原因：小麦灌浆后期遇大风或强对流天气是导致倒伏的主要原因，另外生长后期灌水也会加重倒伏的发生。基部节间超过2厘米的小麦品种容易倒伏。

防治方法：①选用矮秆品种，高水肥田应选择株高低于75厘米的小麦品种。②小麦拔节期控制水肥，避免小麦灌浆后期大水漫灌。③拔节期叶面喷施50%矮壮素水剂100～400倍液、25%多效唑悬浮剂1 667～2 500倍液、250克/升抗倒酯微乳剂20～30毫升/亩，抑制植株旺长，降低株高。

干旱

由于降水偏少，干旱在北方麦区经常发生，小麦全生育期均可发生，造成小麦不能正常生长，甚至死亡，严重影响小麦安全生产。

症状：干旱发生初期常导致小麦叶片卷曲，影响小麦苗期的分蘖和长势，以及后期的籽粒灌浆等，干旱持续发生导致叶片枯死，甚至植株死亡。

冬前干旱

小麦返青期干旱

小麦抽穗期干旱

发生原因：小麦生育期降水量少，灌溉条件差。

防治方法：①选用耐干旱品种。②改善灌溉条件，及时灌水。

干热风

干热风是指小麦生育后期出现的高温并伴有一定风力的灾害性天气，多发生在小麦扬花至灌浆期，常导致灌浆速率下降，粒重降低，甚至引起小麦植株提前枯死，减产严重。一般可引起减产 5%～10%，严重的可导致减产 20% 以上。

症状：干热风导致小麦植株各部位迅速失水变干，茎秆枯白，叶片卷缩凋萎、撕裂下垂、变脆，籽粒干瘪，千粒重明显下降，品质变劣。

干热风危害状

科学处理降低干热风危害（图右为处理区）

发生原因：气温骤升，并伴有大风，田间小气候表现为高温低湿。雨后，温度骤升，常导致青枯症状产生。

防治方法：①种植耐高温和干热风的优良品种。②改善田间灌溉条件，根据天气预报，及时灌水，但是要避免大水漫灌。③增施有机肥和磷肥，改良土壤结构，提高蓄水保墒能力。控制氮肥使用量。④喷施黄腐酸盐类叶面肥、磷酸二氢钾、硼锌肥、氯化钙、三十烷醇、萘乙酸、草木灰浸提液，以及醚菌酯、吡唑醚菌酯等。

除草剂药害

除草剂药害是小麦生产中常见的一种伤害，主要由于除草剂的不合理使用导致。

症状：

2，4-滴类除草剂药害：在低温下和过量使用2，4-滴丁酯、2甲4氯等激素类除草剂，会导致小麦叶片失绿，新叶呈管状，穗卷曲畸形。

2，4-滴类除草剂药害

2，4-滴类除草剂造成小穗增生

2，4-滴类除草剂造成穗畸形

乙酰辅酶A羧化酶抑制剂类除草剂药害：精吡氟禾草灵、炔草酯等乙酰辅酶A羧化酶抑制剂类除草剂不正确使用，会导致小麦下部叶片黄化畸形，心叶失绿，白化萎蔫。

乙酰辅酶A羧化酶抑制剂类除草剂药害

甲基二磺隆类除草剂药害：受害小麦叶片失绿黄化，轻症植株生长略受抑制，在返青期如果可以恢复正常，对产量无明显影响。严重时，小麦生长严重受抑制，叶片扭曲，分蘖数减少，甚至死亡。

甲基二磺隆类除草剂药害

发生原因：除草剂使用剂量和时间不合理。

防治方法：①正确选用麦田除草剂，严格按照说明书使用。②发生药害后，轻症可以加强水肥管理，叶面喷施芸薹素内酯等植物生长调节剂、解毒剂、叶面肥等，促进小麦生长，降低危害。苗期受害严重，需要补种或改种其他作物。

小 麦 害 虫

（一）地下害虫

地下害虫亦称土壤害虫或根部害虫，主要指一生或生活史中某个阶段生活在土壤中，危害植物地下根部、种子、幼苗、近土表主茎，可造成种子腐烂、幼苗猝倒断根，甚至造成地下果实空洞。危害小麦的地下害虫主要有蛴螬、金针虫等。

蛴螬

金龟甲幼虫的统称，主要危害小麦苗期根部，在农家肥或者秸秆还田后腐殖质丰富的田块以及在花生小麦连作田发生危害较为严重。

学名：我国目前已发现并记录的金龟有100余种，主要有大黑鳃金龟（*Holotrichia oblita* Faldermann）、暗黑鳃金龟（*H. parallela* Motschulsky）和铜绿丽金龟（*Anomala corpulenta* Motschulsky）等，大黑鳃金龟和暗黑鳃金龟均属鳃金龟科齿爪鳃金龟属；铜绿丽金龟属金龟科丽金龟亚科异丽金龟属，均属鞘翅目。

形态特征：大黑鳃金龟成虫体长16～22毫米，宽8～11毫米，黑色或黑褐色，具光泽。鳃片部3节呈黄褐色或赤褐色；鞘翅每侧有4条明显的纵肋，前足胫节外齿3个，内方距2根；中足和后足胫节末端距2根。臀节外露，背板向腹板下包卷，与腹板相会于腹面。雄虫臀前节腹板中间具明显的三角形凹坑；雌虫具1横向枣红色菱形隆起骨片。暗黑鳃金龟成虫体长17～22毫米，宽9.0～11.5毫米，暗黑色或红褐色，无光泽。鞘翅两侧缘几乎平行，每侧4条纵肋不明显。腹部臀节背板不向腹面卷曲，与肛腹板相会于腹末。铜绿丽金龟成虫体长19～21毫米，宽10.0～11.3毫米。头、前胸背板、小盾片及鞘翅呈铜绿色，具金属光泽。

危害状： 成虫咬食叶片呈不规则的缺刻或孔洞，幼虫咬食幼苗的地下部分，咬断处缺口整齐，导致幼苗干枯死亡，轻则缺苗断垄，重则毁种绝收。同时造成的伤口容易引起病原菌侵染。

暗黑鳃金龟末龄幼虫

暗黑鳃金龟成虫背面观

暗黑鳃金龟成虫腹面观

大黑鳃金龟雌虫背面观

大黑鳃金龟雄虫腹面观

大黑鳃金龟雌虫腹面观

铜绿丽金龟雌成虫

铜绿金龟雌（右）、雄（左）成虫

铜绿丽金龟老熟幼虫

铜绿丽金龟幼虫做土室化蛹

铜绿丽金龟蛹

蛴螬危害状

发生规律：各种金龟幼虫食性较为复杂，在田间常混合发生。主要危害小麦苗期根部，在农家肥或秸秆还田后腐殖质丰富的田块以及在花生小麦连作田发生危害较为严重。大黑鳃金龟可以成虫或幼虫越冬，一般2年发生1代。以幼虫越冬的地区，翌年春季麦田危害较为严重，在我国华南地区，大黑鳃金龟以成虫越冬，1年发生1代。暗黑鳃金龟1年发生1代，多以三龄老熟幼虫在土室中越冬，少数以成虫越冬，翌年5月出土，以幼虫越冬的春季不危害小麦，但在秋季小麦播种出苗后危害较为严重。铜绿丽金龟1年发生1代，以幼虫越冬，翌年3—5月有较短时间危害小麦根部，10月中旬小麦出苗后会再次危害。成虫昼伏夜出，具趋光性。

防治技术：①虫口密度大的地区可以实行麦茬深翻，适当冬灌，轮作倒茬，改种油菜、水稻等作物，避免小麦与花生或甘薯轮作。②播种期进行小麦种子包衣。可使用20%毒死蜱微囊悬浮剂、8%苯甲·毒死蜱悬浮种衣剂进行种子包衣，也可使用0.08%噻虫嗪、0.1%二嗪磷、0.1%噻虫胺或0.3%辛硫磷颗粒剂，在播种期撒施。

金针虫

金针虫是叩甲科幼虫的统称，我国目前已发现并记录的有170余种。随着小麦秸秆还田等耕作技术的实行，其危害程度有逐年加重的趋势。

学名：主要有沟金针虫（*Pleonomus canalicuatus*）、细胸金针虫（*Agriotes fuscicollis*）、褐纹金针虫（*Melanotus caudex*）等，均属鞘翅目叩甲科。

形态特征：沟金针虫成虫体长14～17毫米，宽4～5毫米，体型扁平，体色栗褐色，雌成虫触角11节，黑色锯齿形，雄虫触角12节，丝状；幼虫尾突尖上弯，内有一小分支，是区别于其他金针虫的主要特征。细胸金针虫成虫体长8～9毫米，宽2.5毫米，暗褐色，体表布满灰色短毛；幼虫具光泽，末节尾部不分叉，呈圆锥形，近基部背面两侧各有1褐色圆斑，背面有4条褐色纵纹。褐纹金针虫幼虫黑褐色，头部黑色，向前凸起，密生刻点，前胸背板黑色，刻点较头部小，腹部背面第9体节端部有4条纵纹，后端有褐纹，并密布粗大而深的刻点。

沟金针虫成虫

沟金针虫幼虫

褐纹金针虫幼虫

危害状：成虫咬食小麦嫩叶，幼虫咬食种子及幼苗的地下部分，可引起幼苗萎蔫，钻入幼苗根茎内部，容易造成死苗。

金针虫成虫咬食穗部

小麦苗期金针虫危害状

发生规律：沟金针虫一般3年发生1代，少数地区2年或4～5年发生1代。以成虫或幼虫在土中越冬。越冬成虫3月初开始出土活动，3月中旬地温上升并稳定时达到活动高峰。产卵期为3月下旬至6月上旬，卵期1～2个月，平均约40天，5月上中旬为卵孵化盛期，卵孵化后危害至6月底下潜越夏。9月中下旬秋播时上升至地表土层再次活动，危害至11月上中旬，下潜至土壤深处越冬。细胸金针虫2～3年发生1代，成虫或幼虫均可越冬，越冬成虫3月上旬开始活动，4月中下旬达到高峰，3—5月为幼虫危害高峰，7月中下旬为化蛹盛期，8月成虫羽化并在土中做室潜伏越冬。以水浇地、较湿的低洼土地、沿黄淤地或有机质较多的黏性土壤中危害较为严重。褐纹金针虫3年发生1代，成虫或幼虫均可越冬，越冬成虫5月上旬开始活动，6月中旬达到高峰，幼虫越冬2次，于第3年7—8月老熟、化蛹、羽化并潜伏越冬，以水浇地或有机质丰富的地块较为严重。

防治技术：①虫口密度大的地区可以实行麦茬深翻，适当冬灌，轮作倒茬，改种油菜、水稻等作物，避免小麦与花生或甘薯轮作。②播种期进行小麦种子包衣。可使用9%克百·三唑酮悬浮种衣剂、47%丁硫克百威种子处理乳剂、20%吡虫·氟虫腈悬浮种衣剂或25%甲·克悬浮种衣剂进行包衣播种，也可以在播种期撒施3%辛硫磷颗粒剂进行预防。

（二）刺吸类害虫

刺吸类害虫是指以刺吸式口器或锉吸式口器吸食寄主植物叶片、茎秆及果实汁液的害虫。这类害虫主要包括半翅目的蚜虫、飞虱，缨翅目的蓟马和双翅目的小麦吸浆虫。麦田危害严重的刺吸类害虫主要是狄草谷网蚜、禾谷缢管蚜、麦二叉蚜、灰飞虱、蓟马和小麦吸浆虫等。刺吸类害虫不仅能刺吸小麦植株、吸食汁液，造成受害处失绿、发黄、心叶扭曲等，有的如麦蚜还能分泌蜜露覆盖叶片，严重时则诱发煤污病而影响光合作用，同时，蚜虫和飞虱还能传播病毒而造成植物病毒病。

狄草谷网蚜

狄草谷网蚜是小麦生长中后期普遍发生的重要害虫。

学名：*Sitobion miscanthi*，属于半翅目蚜科。

形态特征：无翅蚜体色草绿色至橙红色，头部淡绿色至暗褐色，触角黑色，背腹两侧隐现不明显灰绿色斑，腹管黑色。有翅胎生雌蚜体长2.4～2.8毫米，触角比体长，前翅中脉分3叉，腹管极长；无翅孤雌蚜卵形，体长2.3～2.9毫米，触角与体等长或超过体长，腹管黑色，较有翅胎生雌蚜短。

狄草谷网蚜有翅成蚜

狄草谷网蚜无翅雌蚜

危害状：狄草谷网蚜刺吸小麦茎、叶，不仅造成营养流失，同时分泌大量蜜露，影响光合作用。

小麦抽穗期危害的狄草谷网蚜

狄草谷网蚜危害状

发生规律：狄草谷网蚜的主要寄主植物为麦类作物和周边的禾本科杂草。在国内曾被误定为麦长管蚜（*S. avenae*），目前仍在普遍沿用。狄草谷网蚜只能全年在禾本科植物上完成生活周期，喜光照和高水肥，黄淮海地区一般于小麦拔节后开始发生。在小麦成株期多分布于植株上部的叶片正面，至抽穗灌浆后集中在穗部危害，种群密度增加很快，遇到干扰可迅速坠落至植株中下部。狄草谷网蚜在平均气温28℃以上地区不能越夏或越夏困难，一般需迁至冷凉地区，能够作远距离迁飞，是我国各麦区的蚜虫优势种，可与其他麦田蚜虫混合发生或单独发生。

防治技术：①秋、冬季节及时清除麦田及田埂杂草，播前根据土壤肥力合理施肥，适当进行冬前浇水。②返青后可利用天敌如蚜茧蜂、瓢虫若虫、食蚜蝇、草蛉及蚜霉菌等防治。③种子包衣可防治冬前蚜虫，每100千克种子可用600克/升吡虫啉悬浮种衣剂600～700毫升、45%烯肟·苯·噻虫悬浮种衣剂400～800克、26%苯甲·吡虫啉悬浮种衣剂600～1 200毫升、23%吡虫·咯·苯甲悬浮种衣剂600～800克包衣处理。④小麦拔节后，蚜虫种群上升期可使用化学杀虫剂，每亩可用25%噻虫嗪水分散粒剂4～8克、15%吡虫·三唑酮可湿性粉剂60～80克、5%阿维·吡虫啉乳油10～15克、30%联苯·噻虫嗪水分散粒剂6～10克、50%氟啶虫胺腈水分散粒剂2～3克、20%呋虫胺悬浮剂20～30毫升、0.5%苦参碱水剂60～90毫升、35%马拉·三唑酮乳油100～125克、5%啶虫脒乳油24～42毫升或22%高氯氟·噻虫微囊悬浮-悬浮剂7.5～10毫升，兑水20～30升均匀喷雾。

禾谷缢管蚜

禾谷缢管蚜是小麦生长中后期普遍发生的重要害虫。

学名：*Rhopalosiphum padi* Linnaeus，属于半翅目蚜科。

形态特征：无翅蚜体色墨绿或黑色，头部黑色，腹部暗绿略带紫褐色，腹背后方有两个红色晕斑。有翅胎生雌蚜体长1.6毫米左右，前翅中脉分3叉，触角短于体长；无翅胎生雌蚜体长1.7～1.8毫米，触角仅为体长的一半。

禾谷缢管蚜

危害状：同狄草谷网蚜。

禾谷缢管蚜危害小麦叶部

禾谷缢管蚜危害小麦茎秆

禾谷缢管蚜危害小麦穗部

发生规律：禾谷缢管蚜危害禾本科作物和周边杂草，喜高温，怕光照，主要在小麦近地面危害，在水肥大、播种密度高的田块，穗部及附近叶片背面也有发生。可与其余麦田蚜虫混合发生或单独发生。发生规律与狄草谷网蚜相似。

防治技术：参照狄草谷网蚜。

麦二叉蚜

麦二叉蚜是小麦生长前期发生的重要害虫，可传播病毒，引起小麦黄矮病发生。

学名：*Schizaphis graminum* Rondani，属半翅目蚜科。

形态特征：无翅蚜体色淡绿或黄绿色，头部黑色，腹部淡绿而尾部暗黑色。有翅胎生雌蚜体长1.8～2.3毫米，前翅中脉分2叉，触角短于体长；无翅胎生雌蚜体长1.4～2.0毫米，触角仅为体长的一半或稍长。

危害状：造成小麦植株受害处失绿、发黄、心叶扭曲等，分泌的蜜露能够覆盖叶片、茎秆，严重者叶片、茎秆和穗部呈现煤污色。

小麦苗期危害的麦二叉蚜（施艳提供）

发生规律：麦二叉蚜与其他麦蚜一样，均危害禾本科作物和周边杂草，但仅能全年在禾本科植物上完成生活周期。麦二叉蚜主要发生在降水量500毫米以下的西北地区，黄淮海地区主要在冬前或拔节前在麦田危害。

防治技术：参照狄草谷网蚜。

麦红吸浆虫

麦红吸浆虫主要于小麦扬花抽穗期危害籽粒，造成麦粒干瘪，严重地块颗粒无收。

学名：*Sitodiplosis mosellana* Gehin，属于双翅目瘿蚊科。

形态特征：雌成虫与蚊相似，体长2～2.5毫米，体色橘红色，全身布满细毛，前翅发达，触角细长，念珠状，触角每节仅1节，环状毛极短。胸部较为发达，橙黄色，前胸狭小，中胸较宽，背板发达，盾片大，颜色较深，小盾片圆球形，隆起，侧板发达，后胸较小，不发达。3对足细长，灰黄色。产卵器不长，伸出时不超过腹长一半，末端有2瓣。雄虫与雌虫体色相似，体型较雄虫小，长约2毫米，翅展约4毫米。触角长于雌虫，每节基部有2个膨大的圆球形结。幼虫体长3～3.5毫米，橙黄色；身体13节（头部1节、胸部3节、腹部9节），无足；体表有鳞状凸起，前胸腹面有Y形剑骨片，前端有锐角深陷，是与麦黄吸浆虫的重要区别。蛹体色橘红，头部前有1对毛状呼吸管，较短。

麦红吸浆虫成虫　　　　麦红吸浆虫幼虫　　　　麦红吸浆虫蛹（巩中军提供）

危害状：造成小麦穗部干枯，籽粒干瘪，严重则导致小麦减产甚至颗粒无收。

发生规律：1年发生1代，以老熟幼虫（三龄）结圆茧入土越冬，翌年小麦返青、起身期老熟幼虫从茧中钻出，转移至表土层准备化蛹，至小麦孕穗期开始化蛹，如果遇到土层湿度偏低、地温上升较快年份，幼虫可直接在土中化为裸蛹。蛹期8～10天，4月中旬至5月上旬小麦抽穗扬花期陆续羽化。成虫偏好在颖口宽松且尚未扬花的穗上产卵，卵多位于护颖之间，卵期约5天，产卵量一般50粒，最多可达90粒。卵历期3天，孵化后即转移至麦粒表皮，以刺吸内部麦浆。幼虫历期20天，老熟幼虫遇雨露后即从颖壳中弹出落入土表，在6～10厘米深处结圆茧越夏、越冬，至翌年小麦返青起身后又上升至土层表面开始化蛹，周而复始，如果遇到极端气候，老熟幼虫可以当年不化蛹出土，待到合适年份再化蛹、出土羽化。麦红吸浆虫发生程度与小麦抽穗前的降水量显著相关，抽穗前有适量降雨或灌溉，则麦红吸浆虫发生危害严重。此外，黏质壤土、壤土和沙质壤土保水性强，危害也偏重。

防治技术：①采用抗虫品种，选种抽穗扬花期颖壳较为紧密的品种。虫口密度大的地区还可以实行麦茬深翻，减少春季麦田灌溉，轮作倒茬，改种油菜、水稻等作物。②小麦孕穗期或抽穗初期，用手轻拨麦株向两侧分开，有2～3头成虫或平均网捕10次有成虫10头以上，需要进行防治。在小麦抽穗70%（含露脸）时，可进行穗期保护喷药。在虫口密度较大的田块，抽穗70%至扬花前喷药2次。化蛹盛期可撒毒土防治。每亩可用以下药剂：10%阿维·吡虫啉悬浮剂12～15毫升、5%高效氯氟氰菊酯水乳剂7～11毫升兑水20～30千克均匀喷雾；5%毒死蜱颗粒剂1～2千克或0.1%二嗪磷颗粒剂40～60千克均匀撒施。

灰飞虱

灰飞虱在我国北方稻麦轮作期发生较为严重。

学名：*Laodelphax striatellus*，属半翅目飞虱科。

形态特征：成虫体长3.5～4.0毫米，雄虫灰黑色，雌虫黄褐色或黄色，短翅型淡黄色。雄虫小盾片黑色，雌虫小盾片淡黄色或土黄色，两侧有半月形褐色斑。若虫分5个龄期，一龄若虫体长0.5毫米左右，无翅芽，体色淡黄，二龄若虫体色淡灰色，翅芽隐显，但不明显，三龄若虫翅芽仅限贴附于中胸和后胸背板部位，四龄若虫翅芽显著发育，但前翅翅芽未覆盖后翅翅芽，五龄若虫前翅翅芽继续发育，覆盖至后翅翅芽。深色型若虫腹部背面两侧每体节可见深褐色斑，腹部第三至四节背面呈"八"字形淡色纹，浅色型呈黄褐色。

灰飞虱雌虫（右）和雄虫（左）

灰飞虱成虫

小麦叶片上的灰飞虱卵

麦田灰飞虱越冬若虫

危害状：造成小麦分蘖拔节期植株矮小，后期危害可造成小麦提前发黄、成熟。

稻麦连作田灰飞虱越冬环境

灰飞虱引起的小麦绿矮病

发生规律：1年发生4～7代，江西南昌地区1年4～7代，河南开封杜良和新乡原阳沿黄稻区1年4代。在沿黄稻区，灰飞虱主要以三至四龄若虫在冬小麦及多年生禾本科杂草近地面茎基部越冬。10月中下旬，在稻麦连作地免耕田直接转到小麦上，11月下旬进入滞育。越冬期受气候影响较大，越冬若虫滞育期间遇到温暖天气仍可活动，整个冬季均可在麦田见到，春节后可在麦田见到大量若虫活动，翌年4月中旬为越冬代成虫高峰期。5月中下旬，小麦灌浆期为一代若虫高峰期。5月31日至麦收期为成虫高峰期，小麦收获后转移至早春玉米田或水稻秧苗田继续危害，至玉米苗期和水稻插秧后从秧苗田转移至大田继续危害。小麦苗期可造成小麦绿矮病的发生。越冬代灰飞虱种群数量因耕作方式不同而变化较大。稻麦连作田虫量显著高于玉米、小麦连作田，麦田周边水稻育秧也是一代灰飞虱种群增加的重要因素。

防治技术：①避免免耕，秋季播种前深翻土地，适当增加晾晒土地时间，使用深松清垄播种施肥一体机，破坏灰飞虱越冬环境。稻麦轮作地区避免就近育秧，以免增加来年种群数量，或者秧苗期使用防虫网。②小麦播种期进行种子包衣，可使用不同含量的吡虫啉、噻虫嗪、氟虫腈·噻虫嗪或吡虫·氟虫腈等种衣剂。③在春节后小麦返青前地温升高后1周左右，如果田间虫口数量较大，可及时使用以上药剂喷雾防治。

蓟马

蓟马危害隐蔽，可造成小麦叶片失绿、卷曲，造成小麦提前成熟甚至减产。

学名：纹蓟马（*Aeolothrips* sp.），属纹蓟马科纹蓟马属；管蓟马（*Haplothrips tritici*），属管蓟马科，二者均属缨翅目。

形态特征：纹蓟马成虫体小，长形，体长一般1～2毫米。口器锉吸式，左右上颚退化，不对称。翅较阔，且平行折叠，前翅末端圆形，围有缘脉，有明显的纵脉及横脉，翅面常有暗色斑纹。管蓟马成虫体深褐色至黑色。头近正方形，前胸背板发达，后缘角各有1对长鬃。前翅翅脉明显（2条）。雄成虫末端尖削，圆锥状，雌成虫第八、九腹节有锯齿状产卵器。纹蓟马与管蓟马肉眼很难区别，在显微镜下可通过其前翅加以辨别。

蓟马蛹

蓟马若虫

危害状：造成叶部发黄、心叶扭曲。

纹蓟马及危害状

管蓟马及危害状

发生规律：虫体小，善于跳跃，一般吸取小麦叶片、茎秆和穗部汁液，能传播多种植物病毒。小麦叶片在抽穗扬花期可造成叶片失绿卷曲，叶尖干枯。一般在小麦上1年发生1代，在新种麦地发生高于常作麦田。蓟马属过渐变态，二龄以前翅芽在体内发育，三龄以后翅芽在体外发育，三、四龄不取食，称为蛹阶段，其中三龄称为前蛹，四龄称为伪蛹。兼有不完全变态和完全变态的特点。

防治技术：参考灰飞虱。

斑须蝽

斑须蝽主要在小麦生长中后期危害穗部，随后迁入玉米和棉花田等秋季作物上继续危害。

学名：*Dolycoris baccarum*，属半翅目蝽科。

形态特征：成虫体长8～14毫米，宽约6毫米，黄褐或紫红色，密被白色绒毛和黑色小刻点，触角黑白相间，喙细长，紧贴于头部腹面。小盾片近三角形，黄白色。前翅革片红褐色，膜片黄褐色，透明，超过腹部末端，足黄褐色，腿节和胫节密布黑色刻点。

危害状：成虫和若虫均可刺吸小麦嫩叶、嫩茎及穗部汁液。茎叶被害后，出现黄褐色斑点，严重时叶片卷曲，嫩茎畸形甚至凋萎，影响生长，可造成减产。

斑须蝽及危害状

发生规律：斑须蝽1年发生1～3代，一般以成虫在作物或杂草根际、枯枝落叶下、树皮裂缝中等隐蔽处越冬。在黄淮麦田第一代发生于4月中旬至7月中旬，第二代发生于6月下旬至9月中旬，第三代发生于7月中旬一直到翌年6月上旬，后期世代重叠现象明显。成虫多将卵产在小麦上部叶片正面或花穗部，呈多行整齐排列。初孵若虫可群集危害，二龄后分散危害。成虫及若虫均具臭腺，均喜群集于作物幼嫩部位和穗部吸食汁液，可扩散至周围果园。

防治技术：同灰飞虱。

（三）食叶害虫

食叶害虫是指具有咀嚼式口器的害虫，这类害虫主要包括鳞翅目幼虫、膜翅目部分幼虫以及双翅目的潜蝇。在小麦田发生量大且危害严重的食叶害虫主要是棉铃虫、黏虫、麦叶蜂、潜叶蝇和大灰象甲等。

棉铃虫

主要在小麦生长中后期危害穗部，随后迁入玉米田继续危害秋作物。

学名：*Helicoverpa armigera* Hübner，属鳞翅目夜蛾科。

形态特征：成虫体长15～20毫米，翅展27～38毫米。雌蛾赤褐色，雄蛾灰绿色。前翅中线由肾形纹下斜伸至前翅后缘，末端达环纹与后缘垂直处；外横线较斜，末端达翅后缘肾形纹中部正下方。亚缘线锯齿状较为均匀，与外缘线宽度大致相等，亚缘线与外缘线中间形成明显的扇形。后翅灰白色，翅脉褐色，沿外缘有黑褐色宽带，宽带中部有两个灰白斑相连，斑不靠外缘，斑与缘毛间仍有褐色隔开，有时无灰白斑。幼虫5龄或6龄。一龄幼虫头壳黑色，前胸盾板红褐色，体表斑纹不明显。体色随虫龄增加多变。背线一般有2条或4条，气门上线可分为不连续的3～4条，其上有连续白纹。体表布满褐色和灰色小刺，前胸侧气门前下方1对毛的连线穿过气门或至少与气门下缘相遇。

危害状：叶片被取食成缺刻状，穗部被危害后折断或籽粒缺失。

发生规律：越冬蛹发蛾盛期一般为4月底5月初，成虫交配后常产卵于长势好、已抽穗的麦田，卵散产于小麦植株上，大多位于穗部，极少量产在叶部，穗部卵主要分布在穗轴的护颖上，具有较强的隐蔽性。幼

棉铃虫成虫

棉铃虫幼虫

棉铃虫蛹

虫三龄盛期在5月中旬（一代棉铃虫），5月中下旬幼虫危害最为严重，主要取食麦粒，5月末6月初老熟幼虫入土化蛹，至夏播作物出苗后继续危害。

防治技术：①秋季播种前深翻土地，使用深松清垄播种施肥一体机破坏越冬蛹。成虫羽化盛期，物理防治可采用灯光引诱，每30亩设置1盏杀虫灯。或使用棉铃虫食诱剂、性诱剂诱杀，每亩悬挂棉铃虫食诱剂诱捕器或性诱剂诱捕器2个，按照说明书定期更换，诱集到的虫量较多时，及时清除虫体。②棉铃虫卵孵化盛期，每亩用100亿孢子/克球孢白僵菌可分散油悬浮剂600 ~ 800毫升、50亿PIB*/毫升棉铃虫核型多角体病毒悬浮剂20 ~ 24 毫升或16 000国际单位/毫克苏云金杆菌可湿性粉剂250 ~ 300克，兑水20 ~ 30 升常规喷雾。③卵孵化至二龄幼虫期，每亩用200 克/升氯虫苯甲酰胺悬浮剂10 ~ 15 毫升、10%氟苯虫酰胺悬浮剂20 ~ 30 毫升、10%甲维·高氯氟微囊悬浮 - 悬浮剂4 ~ 6 毫升或14%氯虫·高氯氟微囊悬浮 - 悬浮剂15 ~ 20 毫升等，兑水20 ~ 30 升，常规喷雾。

---

    *   PIB表示病毒的多角体，全书同。——编者注

黏虫

　　黏虫又称东方黏虫，除危害小麦外，还取食近百种植物，最喜取食麦类、玉米、高粱、谷子、芦苇等禾本科作物和杂草。迁飞能力强，暴食性，为全国重要的农业害虫之一。危害特点与棉铃虫类似，属迁飞性害虫。

　　学名：*Mythimna separate*（Walker），属鳞翅目夜蛾科。

　　形态特征：成虫前翅淡黄色至淡灰褐色，前翅中央有1个明显白斑，白点两侧各有1个小黑点，近前缘附近有两个淡黄色圆斑，翅尖向斜后方有1条黑色条纹，外横线为1列小黑点。幼虫体色多变，气门黑色，发亮，鲜艳，青绿色至深黑色，头部沿脱裂线两侧各有1条棕褐色至黑褐色纵纹，呈"八"字形，背线白色，较细，两侧伴有暗线。气门上线与亚背线间呈橙色或

黏虫幼虫

黏虫成虫　　　　　　　黏虫幼虫及危害状（范志业提供）

深黄色，气门线与气门上线之间深黑色。蛹初期淡黄绿色，随后变为红褐色。

危害状：同棉铃虫。

发生规律：成虫具迁飞危害特性，在我国越冬北界大致在1月0℃等温线附近。河南每年发生3～4代，不能越冬。每年2—4月成虫从越冬区向北迁飞进入河南、山东南部地区，随即交配产卵，3—4月幼虫开始危害小麦，5月中旬至6月初第一代成虫羽化，部分迁出本地，其余居留在本地继续危害夏玉米或高粱等禾本科旱地作物。幼虫主要取食叶片呈缺刻状，五龄幼虫具有暴食性。

防治技术：①每30亩设置一盏诱虫灯，在成虫发生期晚上开灯诱杀成虫。或利用糖醋液按糖：醋：水：酒=3：4：2：1的比例，加适量90%敌百虫配制诱集成虫。②当百株幼虫虫量达10头时，及时防治，防治药剂同棉铃虫幼虫。

麦叶蜂

麦叶蜂在小麦生长中后期危害，主要危害小麦叶片。

学名：*Dolerus tritici*（Chu），属膜翅目叶蜂科。

形态特征：麦叶蜂成虫体长8～10毫米，头部黑色，复眼突出，触角线状，体色黄色略带蓝光，前胸背板红褐色，中胸背板两侧（前盾片和翅基部）各有1个橘黄色斑，后胸背板两侧各有1个白斑。翅透明，典型的膜质。足黑色。雌成虫腹部最后体节具有锯齿状产卵器。幼虫体长约20毫米，圆筒状。头部低于体躯，背面观察不容

麦叶蜂幼虫

易看到头部。胸部较粗，腹部较胸部细，各体节具众多环纹。胸足3对，腹足1对，尾足1对。幼虫时期体色淡棕色，从头部至尾部有1条明显的黑色肠道，取食后体色变为墨绿色。

危害状：同棉铃虫。

发生规律：1年发生1代。龄期5龄，幼虫期25～31天，一至二龄幼虫在麦田可日夜危害小麦叶片，三龄后主要躲藏于麦丛或近地面处，傍晚转移至麦叶取食，四龄后食量增大，危害严重者可将叶片吃光。越冬蛹在土中结茧，2月下旬田间可见成虫羽化，3月上旬在冬小麦5～6

麦叶蜂幼虫及危害状

叶期可见成虫产卵，卵一般产于离地2、3叶的叶背面组织中，每叶产卵2～3粒，多至5粒，沿主脉排成1排，卵期10天左右。沙质土壤比黏质土壤发生严重。3月中下旬气温回升，3月下旬为产卵高峰，4月中旬危害严重。4月下旬至5月初变为预蛹越夏，至9—10月蜕皮化蛹越冬。成虫活动时间为9—15时，飞翔能力较弱，具假死性。

防治技术：①秋季播种前深翻土地，使用深松清垄播种施肥一体机破坏越冬蛹。一般不进行单独防治，常结合其他害虫如黏虫、小麦吸浆虫或小麦蚜虫进行兼治。②发生严重时可进行单独防治，防治时期掌握在三龄幼虫前，可采用防治蚜虫相当剂量的吡虫啉及时防治。

麦潜叶蝇

危害小麦的潜叶蝇主要有细茎潜叶蝇、黑斑潜叶蝇、黑眶禾潜叶蝇、绒眼彩潜蝇。细茎潜叶蝇一般发生较多，其他3种发生较少。

学名：细茎潜叶蝇（*Agromyza cinerascens*），又叫细茎潜叶蝇，属双翅目潜蝇科。

危害状：潜叶蝇以幼虫潜食叶肉，潜痕弯曲、窄细，早期主

麦潜叶蝇危害状（小麦苗期）（郭线茹提供）

麦潜叶蝇危害状（扬花期）

要危害下部叶片，后来逐渐上移危害中上部叶片和倒3叶叶尖，小麦旗叶也可受害。叶片受害部位变成透明的表皮，严重时仅残留叶脉，可造成小麦叶片干枯死亡，严重影响小麦的生长发育。

发生规律：1年发生1代，以蛹在土内越夏过冬，2月底至3月中旬羽化为成虫。产卵于麦叶端部。卵期平均11.7天，幼虫历期11天。幼虫孵化后，由叶尖向茎部潜食，产生锈褐色虫道，三龄开始暴食形成虫泡，老熟幼虫刮破麦叶入土化蛹，入土深度在5厘米以内。

防治技术：一般配合蚜虫防治即可。

大灰象甲

大灰象甲主要危害小麦、玉米等粮食作物，还可危害豆类、棉花、烟草、花生、麻类、马铃薯、辣椒、甜菜、瓜类等经济作物和蔬菜，也能危害果树、槐、桑等木本植物，主要在东北、黄河流域和长江流域发生。

学名：*Sympiezomias velatus* Chevrolat，属鞘翅目象甲科。

形态特征：成虫体长8～12毫米，体纺锤形，黑褐色，密被灰白、灰黄或黄褐色鳞片，头管粗短，背中央有纵沟若干，触角膝状，着生于头管前端，复眼黑色，鞘翅具不规则花纹，每鞘翅有纵沟10条。雌虫鞘翅末端尖削，雄虫圆钝。雌虫腹部最后一节腹面有2个灰白色的斑点，雄虫有黑白相间的横带。

危害状：成虫具有一定的聚集性，咬食幼小麦嫩叶，幼虫咬食幼苗的地下须根，成虫产卵期通常把叶片沿尖端从两侧向内折合，将叶黏成饺子形，卵产于折叶内。

大灰象甲成虫及危害状

发生规律：大灰象甲1年发生1代，以成虫或幼虫在土中越冬。越冬成虫4月中下旬开始出土活动，小麦扬花初为交配高峰，5月中下旬产卵，卵于6月上旬陆续孵化，钻入麦田土层，取食根部须根。翌春越冬幼虫上升至表土层继续取食，中午前后地温上升时活动较为旺盛。夏季在早晨、傍晚活动，中午高温时潜伏。以水浇地或有机质丰富的地块发生较为严重。

防治技术：参考金针虫。

（四）其他麦田害虫

在麦田危害的重要有害生物还有非昆虫类，也会造成小麦不同程度的危害损失，如蛛形纲蜱螨目的螨类和腹足纲柄眼目的蜗牛，前者主要刺吸叶片造成叶部失绿，后者主要取食叶片，造成叶部透明、叶片干枯，在实际生产上也一并称为害虫。

麦圆叶爪螨

麦圆叶爪螨俗称麦圆蜘蛛、麦圆红蜘蛛或大背肛螨，主要危害小麦叶片。

学名：*Penthaleus major* Duges，属蛛形纲真螨目叶爪螨科。

形态特征：成螨体色深红或黑褐，长0.6～0.98毫米，宽0.43～0.65毫米，体型近圆形。足4对，足接近等长，淡红色或橘色，各足端无黏毛。若螨与成螨形态近似。

危害状：主要造成叶部失绿。

麦圆叶爪螨危害状

麦圆叶爪螨近观（李彤提供）

发生规律：麦圆叶爪螨1年发生2～3代，即秋季1～2代，翌年春季1代，完成世代时间因气候和温度变化而异（46～80天）。冬小麦于10月初播种后若螨即可开始危害幼苗，冬季几乎不休眠，耐寒力强，可以各个虫态越冬。翌年2—3月越冬卵开始孵化，继续危害，3月中下旬至4月上旬虫口数量大，成螨4月下旬种群密度开始减退，同时会将卵产在麦茬或土块上，直至10月越夏卵孵化，危害秋播麦苗，11月上旬陆续发育为成螨并开始产卵。成螨营孤雌生殖，在小麦分蘖、根部及其周围土块中呈堆状产卵，每雌产卵20粒左右，卵期春秋季20～90天，越夏卵期4～5个月。生长发育适温8～15℃，相对湿度高于70%，早春降雨地区或水浇地发生较为严重。

防治技术：①结合生产实际，麦稻轮作区提倡水稻灭茬后播种，小麦连作区采取小麦灭茬深耕，破坏越冬或越夏场所。②可在麦田若螨孵化初期，每亩使用50%硫磺悬浮剂400毫升、4%联苯菊酯微乳剂30～50毫升、30%唑酮·氧乐果乳油100～107毫升、1.5%阿维菌素超低容量液剂40～80毫升、5%阿维菌素4～8毫升、20%马拉·辛硫磷乳油45～60克、20%联苯·三唑磷微乳剂20～30毫升或20%氰戊·氧乐果乳油10～15毫升，以上药剂可兑水20～30升均匀喷雾。

麦岩螨

麦岩螨俗称麦长腿红蜘蛛或麦红蜘蛛，主要危害小麦叶片。

学名：*Petrobia latens* Müller，属蛛形纲真螨目叶螨科。

形态特征：成螨体色紫红色或绿色，背毛13对，粗刺状，具绒毛，不着生在结节上。雌螨体长0.62～0.85毫米，宽约0.50毫米；雄螨体长约0.46毫米，宽约0.27毫米。雌螨背面卵圆形，雄螨梨形，足4对，第一、四对足长于第二、三对足，其中第一对足与体等长或超过体长，第二、三对足短于体长的1/2，第四对足长于体长的1/2，各足端有4根黏毛。

危害状：同麦圆叶爪螨。

麦岩螨及危害状

发生规律：1年发生3～4代，以成虫和卵越冬，翌年春2—3月成虫开始繁殖，同时越冬卵开始孵化，4月至5月上旬小麦孕穗至始穗期螨量开始增多，5月中下旬后成螨开始产卵，同时种群数量急剧下降，卵越夏后至10月上中旬开始孵化，危害秋播麦苗，冬前可完成1个世代。不同季节完成1个世代需24～46天。成螨营孤雌生殖，卵一般产于麦田中的土块或秸秆、粪块上，成、若螨均群集，有假死性。秋季少雨、春暖偏旱及壤土、黏性土壤麦田发生危害严重。

防治技术：同麦圆叶爪螨。

灰尖巴蜗牛

灰尖巴蜗牛可取食小麦叶肉，留下表皮，造成叶片撕裂，并对附近蔬菜造成危害。春季多雨或田间小气候湿润的菜田周边麦田有利于其发生危害。

学名：*Bradybaena ravida*，属软体动物门腹足纲柄眼目。

形态特征：成螺贝壳圆球形，壳面黄褐色或琥珀色具光泽，体螺层中部有1条红褐色色带。壳表螺纹呈顺时针方向排列，有5～6个螺层，顶部螺层略膨胀。壳顶小而圆，壳口椭圆形，口缘锋利、易碎。轴缘呈缝隙状。当环境不适宜时能分泌白色薄膜封住壳口。卵产于土壤中，卵粒圆球形，常数十粒通过胶状物黏结成一堆。

危害状：造成叶部透明、叶片干枯，形成干尖。

灰尖巴蜗牛危害状

发生规律：灰尖巴蜗牛1年繁殖1代，以成螺或幼螺在土缝、杂草、枯枝落叶及作物秸秆或根部越冬，翌年3月下旬至4月上旬越冬蜗牛开始在地表活动。单头可产卵50～300粒，喜阴暗潮湿、多腐殖质的环境，适应性强，食性杂。5月下旬至6月上旬为卵孵化高峰期，初孵幼螺常聚集危害早春蔬菜或菜地周围的麦田。当种群密度较小时，对小麦产量影响不大，但随着蜗牛相继交配产卵，数量急剧增加，将对下茬玉米出苗及周边蔬菜构成严重威胁，所以要加强监测，做好麦田蜗牛防治，防止扩散危害。

防治技术：①定期清除田间地头的杂草、排除积水。②在盛发期晴天的早晨或傍晚，用6%四聚乙醛颗粒剂50～65克/亩、6%聚醛·甲萘威颗粒剂600～750克/亩拌细干土15～20千克进行地面撒施，间隔7～10天再撒1次。小麦抽穗扬花期，可利用80%四聚乙醛可湿性粉剂45～60克/亩、74%速灭·硫酸铜可湿性粉剂280～330克/亩兑水50千克进行喷雾。

麦田天敌昆虫

麦田天敌昆虫种类丰富，主要有膜翅目各类寄生蜂、双翅目食蚜蝇、革翅目蠼螋、鞘翅目瓢虫和脉翅目草蛉，这些天敌昆虫在自然条件下能够为麦田害虫控制、生态平衡调控起到重要的作用。

烟蚜茧蜂

对麦田中后期大量发生的蚜虫起主要自然控制作用。

学名：*Aphidius gifuensis*，属于膜翅目烟蚜茧蜂科。

形态特征：头部暗褐色或黑色，上颊比复眼横径略短。复眼大，卵圆形，具明显稀短毛。触角16～18节，第一、二鞭节等长，端部节微加粗，前3节黄或黄褐色。翅痣长方形，径脉第一、二段略等长。产卵器鞘较粗短。体多呈黄褐色和橘黄色，少数为暗褐色。头、触角和胸均为黑色，背面暗褐色，侧、腹面黄褐色，少数全胸呈暗黄色。寄生后的僵蚜多呈黄至黄褐色，个别为浅褐色。

烟蚜茧蜂寄生蚜虫后形成僵蚜　　　　　　烟蚜茧蜂成蜂

发生规律：年发生世代随纬度和田间环境而异，一般在麦田发生于4—6月间，小麦接近成熟期麦蚜寄生率较高，主要寄生麦二叉蚜、麦长管蚜，几乎不寄生禾谷缢管蚜。在北方以老熟幼虫在寄主体内越冬滞育。南方整年可见其产卵寄生活动，终年不滞育。

稻虱红螯蜂

稻虱红螯蜂主要分布于江苏、浙江、江西、湖北、福建、广东等南方稻区，在河南开封、新乡和焦作沿黄稻区也有分布。寄主昆虫有灰飞虱、白背飞虱等。在稻麦轮作区，对越冬代灰飞虱若虫寄生率较高。

学名：*Haplogonatopus japonicus*，属膜翅目螯蜂科。

形态特征：雄成虫体色黑色。头部黑色，宽2倍于长，复眼发达，触角深褐色至黑褐色。胸部具翅2对，翅透明，翅面具有细毛，翅痣狭，褐色。中胸盾片有Y形纵沟，小盾片及后小盾片明显，较光滑，足黄褐色。腹部为长椭圆形，表面光滑，并胸腹节矩形，有明显的网状皱纹。雌成虫无翅，体型似蚁，体色赤褐色。头部宽大，头顶凹陷，黑褐色；复眼黑褐色、发达，单眼黄褐色，呈正三角形排列；触角10节，基部3节和末节均为黄色，其余的黑褐色，第一节粗大，第三节细长，以后各节逐渐变宽且以末节最长；口器黄褐色，前口式。胸部黄褐色，较头部和腹部颜色浅，前胸比头部稍长，中央稍前部最宽，其上没有横凹痕。足黄褐色，各足胫节膨大。幼虫体色为淡黄色半透明状，头部稍尖，胸部与腹部深红色。蛹梭形，头部复眼明显，其余部分乳黄色，腹部半透明，中肠部分深黑色可见。

稻虱红螯蜂雌蜂   稻虱红螯蜂雄蜂   稻虱红螯蜂蛹

稻虱红螯蜂寄生灰飞虱若虫

发生规律：温度25～30℃时，卵与幼虫历期均为4～6天，预蛹期2～5天，蛹期5～9天。成虫羽化时间一般在夜间11时至翌日凌晨4时。成虫寿命无补充营养的情况下为2天，有补充营养时可达2～5天。生殖方式为两性生殖和孤雌生殖两种，雌蜂一般只交配一次。稻虱红螯蜂主要寄生三、四龄灰飞虱若虫，在河南开封、新乡和焦作等沿黄稻区寄生越冬若虫，在3月随着灰飞虱恢复取食逐渐发育成熟，被寄生的灰飞虱腹部背面具有显著的包囊，灰飞虱从五龄若虫羽化时期集中出蜂，此时灰飞虱被寄生一空。

棉铃虫齿唇姬蜂

学名：*Campoletis chlorideae*，属膜翅目姬蜂科。

形态特征：体狭长，密生白色细毛。通体黑色，颜面中央圆形膨起，唇基横椭圆形，无唇基沟，颜面和唇基具细密刻纹。上颚黄色，末端2齿赤褐色，两颚交合，上颚与唇基紧靠，似上唇，故称齿唇姬蜂。触角28～29节，黑褐色。中胸背板圆形隆起，背板布有细密刻纹，小盾片亦具细密刻纹，与中胸背板间有1条较宽的横沟相隔。翅痣淡黄褐色，痣后脉颜色略深，有小翅室。足赤褐色，后足基节和第一转节黑色，后足胫节基部和端部以及各足跗节深褐色。腹部赤褐色，第一、二背板前端大半部黑色，第三背板基半部有1个三角形黑斑，第五、六背板基半部中央各有1个梯形或圆形黑斑，一半露出，一半在前一节背板内，从外面隐约可见。

棉铃虫齿唇姬蜂成虫

发生规律：1年可发生6～8代。主要寄生一至三龄等低龄棉铃虫幼虫，产卵于棉铃虫幼虫体内，随棉铃虫幼虫的生长而发育。4月下旬麦田可见成蜂产卵寄生棉铃虫幼虫。正常温度下，羽化率一般较高，低于15℃羽化率显著降低，羽化的时间以清晨6—9时为最多，以后逐渐减少，夜间最少，雄性比雌性羽化要早，各代都以前、中期的羽化率高，蜂壮，繁殖力较强。雌蜂羽化后一般在3小时左右即可进行交尾，最短的为1小时。雌蜂一生共交尾一次，而雄蜂可进行多次交尾，产卵量在200粒左右。产卵集中在白天，也有孤雌生殖现象，但后代均为雄蜂，不同寄主对下代雌雄比无显著影响。

食蚜蝇

全国各地均有分布。

学名：*Syrphidae* sp.，属于双翅目食蚜蝇科。

形态特征：成虫体小型到大型，体宽或纤细，体色单一，暗色或常具黄、橙、灰白等鲜艳色彩的斑纹，某些种类则有蓝、绿、铜等金属色，外观似蜂，但仅具1对前翅，头部大，触角较蜂类短。雄性眼合生，雌性眼离生，也有的两性均离生。

食蚜蝇成虫

食蚜蝇卵

食蚜蝇幼虫

发生规律：成虫喜阳光，小麦扬花抽穗期常在穗部取食花粉、花蜜，并传播花粉，有时吸取汁液。飞翔力较强，常翱翔空中，或振动双翅在空中悬停，或突然作直线高速飞行而后盘旋徘徊。雌虫性成熟后一般必须补充营养，之后将卵产于麦穗部或茎基部蚜虫密集处，以便幼虫孵化后能快速捕食蚜虫。幼虫孵化后能立即捕食周围的蚜虫。一般以幼虫或蛹在土中、石下、枯枝落叶下越冬，少数以成虫越冬。

蟏蛸

蟏蛸为麦田重要天敌昆虫，主要分布于北京、湖北、河北、山东、山西、河南、陕西、江苏、安徽、西藏和新疆等地。

学名：*Earwig furficulidae*，属革翅目蠼螋科。

形态特征：成虫体长8～13毫米，体色呈深黑褐色，身体由头部至尾铗基部渐次增大。触角为丝状，短于体，淡黑色。前胸背板近似正方形，后缘呈弓形弯曲。中胸背板呈矩形，后胸背板短，腹部第一节之后逐步变大，到腹部末节渐细，尾铗呈短粗状。

发生规律：蠼螋多为杂食性或肉食性。在麦田可捕食棉铃虫、麦蚜等多种害虫，1头蠼螋成虫1天可捕食数百头蚜虫。

蠼螋成虫

瓢虫

瓢虫为麦田重要天敌，分布于全国各地。七星瓢虫、异色瓢虫和龟纹瓢虫是麦田瓢虫类捕食性天敌的优势种，对麦田蚜虫类、螨类等具有重要的控制作用。

学名：七星瓢虫（*Coccinella septempunctata*），异色瓢虫（*Harmonia axyridis*），龟纹瓢虫（*Propylaea japonica*），均属鞘翅目瓢甲科。

形态特征：七星瓢虫体卵圆形，背面光滑，呈半球状。头部与复眼黑色，额与复眼相连边缘各具1个圆形淡色黄斑，复眼在内侧凹陷处各具1个淡黄色小点，触角栗褐色。前胸背板黑色，鞘翅上具7个黑色斑点，左右对称，侧缘加厚隆起，由密布粗刻点的纵槽与拱起的部分隔开，前部较宽，后部较窄。足部密生细毛，胫节末端内侧具两个距，

七星瓢虫成虫

爪基部有大型齿。异色瓢虫头部、前胸背板及鞘翅上刻点均匀且小而浅，鞘翅边缘部分刻点较粗稀而深。复眼椭圆形，近触角基部附近三角形凹入。触角11节，显著长于额的宽度。前胸背板前缘凹入较深，后缘中部突出，在小盾片前平截，侧缘弧形弯曲，肩角为钝角，基角不明显。龟纹瓢虫体长3～4毫米，体宽2～3毫米。外观形态变化较大，有些种类有龟纹，有些种类无明显龟纹。常见种类中翅鞘上的黑色斑呈龟纹状，而无纹型鞘翅除接缝处有黑线外，全为单纯橙色。另外还有四黑斑型、前二黑斑型、后二黑斑型等不同的变化。

龟纹瓢虫成虫

异色瓢虫成虫

瓢虫卵　　　　　　　　　　　　瓢虫蛹

瓢虫幼虫

发生规律：七星瓢虫通常一年发生2～5代，主要以成虫越冬，翌年3月底4月初越冬成虫开始活动，雌成虫冬前已经交配，春季不经交配即可正常产卵。河南平原或西部、北部山区一年发生2代。一代主要在麦田活动，卵盛期至成虫盛期从4月底5月初至6月上中旬。二代从8月上中旬至8月底9月初开始发生，10月中旬开始进入越冬滞育。异色瓢虫在各地发生的代数随气候不同而异，由北向南代数依次增加。在黑龙江一年发生2代，辽宁一年3代，山西和河南一年4代，上海一年5代，浙江一年6代，江西一年8代，均以成虫越冬。异色瓢虫具有迁飞习性，春季从越冬地迁出时间在每年的3月中下旬至4月末，秋季的回迁时间在每年的10月上旬至10月末。迁出、回迁的最高峰均出现在风速较低、气温较高晴天的午后1—3时之间。在当地越冬的种群一般10月开始群集于山洞、石缝、土块、村落房舍以及屋檐下越冬，翌年3月末4月初活动、取食、繁殖。龟纹瓢虫一年发生4代，以成虫越冬。春季4—5月越冬代成虫产卵，一代成虫于6月中旬发生，二代成虫于7月中旬发生，三代成虫于8月下旬发生，四代成虫于10月上旬发生。夏季卵期3天，幼虫期平均7天，蛹期3.5天。

草蛉

草蛉科昆虫的幼虫俗称"蚜狮"，主要捕食禾谷缢管蚜、狄草谷网蚜和麦二叉蚜等多种蚜虫，也可捕食麦田其他多种害虫的低龄幼虫。

学名：*Chrysopa* sp.，属于脉翅目草蛉科。

形态特征：草蛉成虫体中型，体色多草绿色。复眼金色，触角丝状，约与体等长。前胸背板梯形或矩形。翅脉网状。卵散产，卵位于丝质长柄顶端。幼虫梭形，尾端尖，胸、腹部两侧长有毛瘤，双刺吸式口器。老熟幼虫做丝质茧，在茧内化蛹，蛹茧常附着在叶片背面。

草蛉成虫

草蛉卵

发生规律：草蛉多在田间秸秆或田间土缝中以蛹越冬。1年发生3～5代。在河南，越冬代羽化盛期在5月上中旬，可在麦田中后期捕食蚜虫。草蛉成虫1次交尾可多次产卵，卵单产、群产或丛产，卵粒具丝质长柄，幼虫孵化后沿卵柄下爬，寻找食物，具自残性。末龄幼虫的捕食量最大。

麦 田 杂 草

麦田杂草是小麦生长过程中遇到的主要生物灾害之一，它们与小麦争夺水分、肥料、阳光和空间，严重影响小麦产量和质量。麦田杂草多为一年生或越年生，主要分为禾本科杂草和阔叶杂草。

（一）禾本科杂草

野燕麦

野燕麦，别名燕麦草、燕麦、黑燕麦、浮麦、浮小麦、铃铛麦、燕麦子、摇铃麦、野浮麦、野麦、野麦草等。广泛分布于我国南北各省份，是小麦的伴生杂草，由于争夺肥、水、光照，造成覆盖荫蔽，常引起小麦早期倒伏或生长不良，并影响小麦的质量。

学名：*Avena fatua* L.，属禾本科燕麦属。

形态特征：成株茎秆直立，单生或丛生，有2～4个节，株高60～120厘米。须根，茎丛生，叶鞘松弛，光滑或基部被柔毛；叶舌膜质透明；叶片宽条状。圆锥花序呈塔形开展，分枝轮生，小穗疏生；小穗生2～3朵小花，梗常向下弯；两颖近等长，一般9脉；外稃质地坚硬，下部散生粗毛，芒从外稃中部稍下处伸出，长2～4厘米，膝曲扭转。颖果长圆形，被浅棕色柔

野燕麦植株

毛，腹面有纵沟。

发生规律：一年生或越年生草
本植物，种子繁殖。野燕麦喜潮湿
多肥的微酸性至中性土壤，发芽适
温为 10 ~ 20 ℃，当温度高于 25 ℃
时，发芽率显著下降，出苗土层深
度为 0 ~ 20 厘米，最深达 30 厘米，
分蘖节一般都在地表下 1 ~ 5 厘米
处。稻茬小麦田野燕麦多于播种后

野燕麦果实

5 ~ 8 天出苗，呈秋季单峰型。野燕麦在拔节期以前生长速度比小麦慢，拔
节后生长速度加快，与小麦共生到拔节期，严重的共生到返青期。在东北
和西北麦区，野燕麦于 4 月上旬出苗，4 月中下旬达到出苗高峰，出苗时间
可持续 20 ~ 30 天，6 月下旬开始抽穗开花，7 月中下旬种子成熟或脱落。
成熟种子经 90 ~ 150 天休眠后才萌发。在冬麦区，野燕麦于 9—11 月出苗，
4—5 月开花结实，6 月枯死。

防治技术：①建立小麦种子田，精选种子。当季危害的野燕麦主要
来源为小麦种子中混杂的野燕麦种子，所以在小麦留种田应严格防除野燕
麦，播种之前，精选种子，确保种子中无杂草种子混杂。②轮作倒茬，实
行水旱轮作，使残留在土壤中的野燕麦种子丧失发芽能力。小麦与阔叶类
作物如油菜、蚕豆等轮作，以便选择适宜除草剂杀灭野燕麦等禾本科杂
草。结合田间管理及时拔除杂草植株。小麦收获后，杂草重发地可休耕、
深翻，进行灭草。③除草剂可选用 6.9% 精噁唑禾草灵水乳剂 40 ~ 60 毫升/
亩、40% 野麦畏乳油 150 ~ 200 毫升/亩、75% 异丙隆水分散粒剂 80 ~ 120
克/亩、8% 炔草酯水乳剂 40 ~ 50 克/亩、3% 甲基二磺隆可分散油悬浮剂
20 ~ 35 毫升/亩、5% 氟唑磺隆·甲基二磺隆可分散油悬浮剂 50 ~ 70 毫升/
亩或 8% 唑啉草酯·甲基二磺隆可分散油悬浮剂 45 ~ 55 毫升/亩，茎叶喷雾
处理。

雀麦（*Bromus japonicus* Thunb. ex Murr.）植株与野燕麦近似，其幼苗
基部红褐色，有白色绒毛，叶鞘密生绒毛，小穗黄绿色，密生 7 ~ 11 小花。
在辽宁、内蒙古、河北、山西、山东、河南、陕西、甘肃、安徽、江苏、
江西、湖南、湖北、新疆、西藏、四川、云南、台湾有分布。

节节麦

节节麦为我国进境植物检疫性有害生物，在陕西、山西、河南、山东、河北、甘肃、江苏、内蒙古、重庆、上海、成都、天津等地发生，近年来发生范围仍在进一步扩大。节节麦在小麦田发生数量逐年增大，成为麦田的恶性杂草，发生严重地块小麦产量大幅度降低，甚至绝收。

学名：*Aegilops triuncialis* Coss，属禾本科山羊草属。

形态特征：节节麦与小麦同科不同属，外部形态无论苗期、成株期还是种子都与小麦极为相似，特别是生长前期难以辨认。节节麦茎秆丛生，斜上或近直立，有时伏地，一般高20～40厘米，个别植株可高达90厘米。叶鞘紧密包茎，中间平滑无毛，边缘具纤毛；叶舌薄膜质，长0.5～1毫米；叶片微粗糙，上面疏生柔毛。穗状花序圆柱形，长约10厘米。小穗圆柱形，含3～4（5）花；颖革质，顶端截平而具1～2微齿，外稃先端略截平，顶具长0.5～4厘米的芒，具5脉，第一外稃长约7毫米；内稃约与外稃等长，脊上具纤毛。

节节麦出土幼苗

节节麦幼株

节节麦植株

节节麦成熟麦穗（成节掉落）

节节麦危害小麦田

发生规律：一年生或越年生杂草。种子繁殖。分蘖、繁殖能力强，易传播。每株节节麦一般 10～20 个分蘖，有时多达 40 个。由于适应性强，适生范围广，随人畜、农机具、灌溉水流和未腐熟的有机肥可进行远距离扩散蔓延。一般情况下，节节麦比小麦发芽迟，成熟早，过熟后会一节一节地自动掉落。冬小麦田节节麦出苗有 2 个主要时期：一是秋季出苗期，二是翌年 2 月下旬至 3 月，仍有部分出苗。出苗的节节麦种子主要集中在 3～8 厘米深的土层中。花、果期 5—6 月。

防治技术：①建立种子田。必须严把种子关，精选种子。凡混杂有节节麦的种子都必须进行精选，以杜绝侵染尚未发生区。发生草害田块收获的籽粒不宜再作种子，必须更换无节节麦的小麦良种。②结合麦田管理和中耕锄草，在节节麦成熟之前及时拔除，拔掉的节节麦必须带出田外，晒干粉碎或集中销毁，同时清除田埂沟渠的杂草，减少传播扩散源。节节麦严重的地块，可与双子叶植物油菜、蚕豆等轮作，用精吡氟禾草灵（精稳杀得）等选择性除草剂，杀灭节节麦。麦苗合理密植，科学施肥，争取苗齐苗壮，形成麦苗的群体生长优势，起到生态抑草、以麦压草的效果。施用腐熟有机肥，麦秸壳、畜禽肥需经堆肥沤制，高温发酵腐熟后再施入农田。畜禽饲料也要经过加工粉碎，使草籽失去活力。③除草剂可选用 3% 甲基二磺隆可分散油悬浮剂 20～35 毫升/亩、3% 氟唑磺隆·甲基二磺隆可分散油悬浮剂 80～100 毫升/亩、36% 甲基二磺隆·异丙隆可分散油悬浮剂 100～200 毫升/亩，茎叶喷施。

看麦娘

看麦娘别名褐蕊看麦娘、麦娘娘、麦陀陀、棒棒草、棒槌草、道旁谷、牛毛草等。全国大部分地区均有分布。看麦娘主要与小麦争夺水肥和阳光，一定密度的看麦娘能显著抑制小麦生长发育，造成小麦质量降低和减产。

学名：*Alopecurus aequalis* Sobol.，属禾本科看麦娘属。

形态特征：看麦娘植株具根状茎，秆直立，高50～120厘米，单生或少数丛生，具3～5节。叶鞘松弛，叶舌膜质，叶片斜面上升，长5～20厘米，宽3～7毫米，上面粗糙，下面平滑。圆锥状花序，灰绿色或成熟后呈黑色，小穗长4～5毫米，颖基部约1/4互相连合，两侧无毛或疏生短毛，外稃短于颖。颖果纺锤形，长约2毫米，黄褐色。

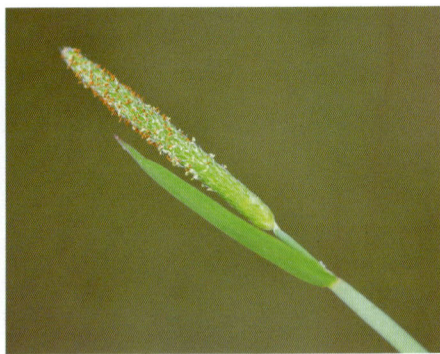

看麦娘植株　　　　　　　　　　看麦娘穗状花序

发生规律：一年生或越年生杂草。种子繁殖。种子在旱田土壤中仅能存活1年，水田达2～3年。看麦娘是比较典型的中生性植物，适应范围较广，耐轻度盐碱、水涝、寒冷。种子发芽温度为5～25℃，最适温度15～20℃；出土深度为2～3厘米，0.6～2厘米出苗数占总出苗数的80%；最适土壤含水量为15%～30%，9月中旬开始出苗，10—11月达到发生高峰期。越冬后于翌年早春继续生长。早茬冬小麦田，看麦娘在冬前发生量大，越冬后发生量小；晚茬冬小麦，在冬前发生量少，越冬后发生量较大。因此，早茬冬小麦田在看麦娘3叶期前用药防除，晚茬冬小麦田在翌年3月中下旬出苗盛期用药剂防除较为适宜。

防治技术：①人工拔除是除治看麦娘最有效的物理方法，最适宜时期掌握在每年10—11月看麦娘发生高峰期和翌年3月中下旬看麦娘出苗盛期。人工拔除应连根拔除，集中销毁。②除草剂可选用6.9%精噁唑禾草灵水乳剂40～60毫升/亩、8%炔草酯水乳剂40～50克/亩、3%甲基二磺隆可分散油悬浮剂20～35毫升/亩、5%氟唑磺隆·甲基二磺隆可分散油悬浮剂50～70毫升/亩或8%唑啉草酯·甲基二磺隆可分散油悬浮剂45～55毫升/亩，茎叶喷施。

日本看麦娘（*Alopecurus japonicus* Steud.）与看麦娘相似，与看麦娘不同的是穗形圆锥花序较粗壮，小穗长5～6毫米，外稃的中部以上有1个长8～12毫米的芒，花药白色或淡黄色。

日本看麦娘植株

日本看麦娘穗状花序

日本看麦娘危害小麦田

早熟禾

早熟禾又名发汗草、冷草、麦峰草、绒球草、踏不烂、小鸡草、麦鸡草、烧草等。广布于我国南北各省份。通过争夺水肥而影响小麦生长，尤其对小麦苗期生长影响较大，减产可达38%以上，同时小麦品质也显著下降。

学名：*Poa annua* L.，属禾本科早熟禾属。

形态特征：早熟禾较小麦茎秆细弱，丛生、直立或稍倾斜，株高8～30厘米，较小麦矮。叶鞘至少自中部以下即闭合，一般长于节间，个别上部叶鞘短于节间；叶舌膜质，长1～2毫米；叶片质地柔软，长2～10厘米，宽1～5毫米。圆锥花序开展，长2～7厘米；分枝每节1～2条，罕为3条。小穗含3～5花，长3～6毫米。

早熟禾幼株

早熟禾开花植株

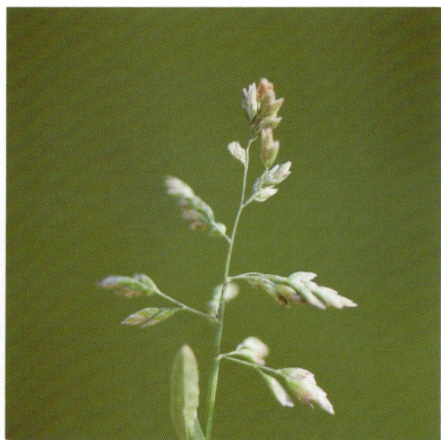

早熟禾花序

发生规律：一年生或二年生小型草本植物。种子繁殖，最低发芽温度为2～5℃，最高不超过30℃。土壤湿度达到田间持水量40%～100%时均可发芽。麦田通常有两个出草高峰，第一个出草高峰出现在冬前10月下旬至11月下旬，出草量占总出草量的65%～85%；翌年2月下旬至3月中旬出现第二个出草高峰，出草量占总出草量的10%～25%。春季麦田出草高峰受播种期、土壤温湿度等条件的影响，出现的时间和出草数量会发生较大变化。如果冬季及早春气温持续偏高，早熟禾生长较快，易严重发生。花期4—5月。

防治技术：①通过轮作降低伴生性杂草的密度，改变田间优势杂草群落，降低田间杂草种群数量；土壤通过多次耕翻后，可使杂草种子被翻埋在地下，不能萌发，达到除草目的；人工除草适于小面积发生的早熟禾或稀疏发生的丛生植株。②除草剂可选用75%异丙隆水分散粒剂80～120克/亩、3%甲基二磺隆可分散油悬浮剂20～35毫升/亩或55%吡氟·异丙隆悬浮剂120～170毫升/亩，茎叶喷雾。

多花黑麦草

多花黑麦草又称意大利黑麦草。分布于新疆、甘肃、辽宁、河南、福建、广西等26个省份，2023年在河南、山东和江苏等区域逐渐蔓延到小麦田，成为小麦田一种恶性、抗性杂草。

学名：*Lolium multiflorum* Lam.，属禾本科黑麦草属。

形态特征：一年生、越年生或短期多年生草本植物。茎秆高50～130厘米，具4～5节，较细弱至粗壮。叶鞘疏松，叶舌长达4毫米，有时具叶耳。叶片长10～20厘米，宽3～8毫米。穗形总状花序直立或弯曲，长15～30厘米，宽5～8毫米。穗轴柔软，节间长10～15毫米。小穗含10～15小花，长10～18毫米，宽3～5毫米。颖披针形，质地较硬，具

多花黑麦草穗形总状花序

多花黑麦草危害小麦田

5～7脉，长5～8毫米，具狭膜质边缘，通常与第一小花等长。外稃长圆状披针形，长约6毫米，具5脉，顶端膜质透明，具长约5（～15）毫米的细芒，或上部小花无芒。颖果长圆形，长是宽的3倍。

发生规律：多花黑麦草种子寿命长，在土壤中可存活3年以上。幼苗出土期限长，每年9月下旬至第二年3月上旬陆续发芽出土，出苗期长达150天。多花黑麦草分蘖力强，单株分蘖为10个左右，每株可产种子数百粒，甚至上千粒。生命力强，即使是春季发芽出土的幼苗生长发育依然很快，到小麦抽穗开花期，多花黑麦草的植株高度可超过小麦，仍能抽穗开花结籽。种子可通过大型机械跨区作业、小麦种子跨区调运等途径远距离传播，传播蔓延速度快。

防治技术：①小麦种子生产企业应避开在多花黑麦草发生区域繁育生产种子，种子田严格生产程序，严防多花黑麦草等杂草种子混入。严禁调换使用混有多花黑麦草等杂草种子的小麦种子，限制多花黑麦草通过种子扩展蔓延。②前茬作物收获后，麦田应适当搁置一段时间，让地表的多花黑麦草种子发芽出苗。通过耕地旋耙作业，清除掉已出苗的杂草，降低麦田杂草基数。③播种后发芽前选用40%砜吡草唑悬浮剂12克/亩封闭除草，施药后及时喷灌。茎叶处理可以5%唑啉草酯乳油60～80毫升/亩为主，再混配氟唑磺隆、啶磺草胺、甲基二磺隆等药剂中的一种，并添加助剂，按规定剂量施用。

黑麦草发生和危害类似多花黑麦草。黑麦草小穗的颖披针形，为其小穗长的1/3。外稃长圆形，长5～9毫米，顶端无芒，或上部小穗具短芒。

黑麦草危害麦田

（二）阔叶杂草

播娘蒿

播娘蒿又名米米蒿、米蒿、麦蒿、麦里蒿、婆婆蒿、葶苈等，分布于我国东北、华北、西北、西南及江苏、安徽等地。主要通过水肥和光照的争夺，以及化感抑制作用危害小麦、油菜等夏熟作物。

学名：*Descurainia sophia* Webb.ex Prantl.，属十字花科播娘蒿属。

形态特征：直立草本，高30～100厘米。茎圆柱形，上部分枝，密被白色卷曲毛和分枝毛。基生叶3裂，顶端裂片倒卵形，全缘，微尖，侧生裂片椭圆形，具明显的叶柄；茎生叶几无柄，倒卵形，二至三回羽状全裂，羽片纤细，线形，两面密被卷曲柔毛或几无毛。总状花序顶生，有花50～200朵；花梗细弱，长6～8毫米，无毛；萼片狭长圆形，花瓣黄色，短于萼片或等长。长角果线形，串珠状，黄绿色，长2～3厘米，斜上，稍内弯。

播娘蒿幼苗

播娘蒿植株（二至三回羽状单叶）

播娘蒿总状花序和长角果

发生规律：一年生或越年生杂草，种子繁殖，种子发芽温度32℃，适宜发芽土层深度为1～3厘米。一般每年10月中旬出苗，冬前生长缓慢，2月下旬复苏，3—4月快速生长，4月下旬陆续开花结实，5月中下旬种子全部成熟，生育期为180～210天。种子比小麦成熟早，结实量大，单株可产生种子5.25万～9.63万粒，一旦成熟，果实极易开裂，散入土壤中，因此危害严重。播娘蒿在冬小麦播种后10天左右开始出苗，冬前由于播娘蒿生长缓慢，并没有与小麦发生激烈竞争。3月初与4月中旬，播娘蒿生长迅速，其高度开始超过冬小麦，与冬小麦争夺光照、水分和营养。

播娘蒿危害小麦田

防治技术：播娘蒿的防除要把握好时机，一般在冬前苗期和第二年小麦返青期，以冬前苗期为主，小麦返青期为辅。①播娘蒿发生严重的地块严禁留种，以避免随小麦种子传播。进行合理轮作，种植成熟早的作物如油菜，在播娘蒿种子未成熟前收割，可有效减轻下年播娘蒿危害。②除草剂可选用75%苯磺隆水分散粒剂1.4～2克/亩、75%异丙隆水分散粒剂80～120克/亩、5%双氟磺草胺悬浮剂5～6毫升/亩、40%唑草酮水分散粒剂4～6克/亩、20%氯氟吡氧乙酸异辛酯悬浮剂50～70毫升/亩、85%2甲4氯异辛酯乳油45～50毫升/亩、86%2甲4氯异辛酯·双氟磺草胺20～30毫克/亩或36%噻吩·唑草酮可湿性粉剂2.8～3.8克/亩，茎叶喷雾。

拉拉藤

　　拉拉藤又叫锯子草、拉拉殃、扒拉殃等，一年生草本，为麦田恶性杂草。在我国分布广泛，长江流域和黄河中下游各省份，东北、西北均有发生。以黄淮海冬小麦产区，特别是黄淮海中南部麦区发生重。小麦伴生性杂草，主要与小麦争夺水肥和光照，造成小麦减产。

　　学名：*Galium spurium* L.，属茜草科拉拉藤属。

　　形态特征：种子出土萌发。子叶阔卵形，先端微凹，有一中脉，具长柄。上胚轴四棱形，有短刺毛。下胚轴亦很发达，带红色。初生叶也为阔

拉拉藤幼苗

拉拉藤四棱形茎和轮生叶

拉拉藤群落

卵形，4枚轮生。幼根呈橘黄色。成株为蔓生或攀援状草本。茎四棱形，棱上和叶背中脉及叶缘均有倒生细刺，触之粗糙。叶6～8片轮生，线状倒披针形，顶端有刺尖，表面疏生细刺毛，无柄。花3～10朵组成顶生或腋生的聚伞花序。果球形，密生钩毛，果柄直，长达2.5厘米。

发生规律：种子繁殖。在湿润且肥沃的农田长势良好，一般覆土越深出苗率越低。拉拉藤种子在1～5厘米土层中出苗率在86%以上，超过10厘米出苗率仅7%。在我国冬小麦区，拉拉藤每年10月下旬出苗，到第二年5月底果实全部成熟，全生育期为180～210天。冬前生长较为缓慢，多数为主茎带上1对侧枝越冬。开春后又开始生长，到3月上旬，多产生5～10个分枝，此后分枝不再增加，而是节间伸长。当主茎轮生叶长到5轮叶时，开始由营养生长转为生殖生长。

防治技术：①精筛细选，确保小麦种子纯度；精耕细作，减少拉拉藤种子残留；深翻土壤，深埋杂草种子。②除草剂可选用75%苯磺隆水分散粒剂1.4～2克/亩、20%氯氟吡氧乙酸异辛酯悬浮剂50～70毫升/亩、5%双氟磺草胺悬浮剂5～6毫升/亩、40%唑草酮水分散粒剂4～6克/亩、36%噻吩磺隆·唑草酮可湿性粉剂2.8～3.8克/亩、70.5%2甲4氯·唑草酮可湿性粉剂35～45克/亩或86%2甲4氯异辛酯·双氟磺草胺20～30毫克/亩，于冬前11月中旬或春后3月中旬进行喷雾防除。

泽漆

泽漆别名五朵云、五凤草、猫儿眼、乳腺草等。除新疆和西藏外，分布几乎遍及全国。泽漆通过争夺水肥和阳光影响小麦苗期生长，还能通过释放化感物质抑制小麦幼苗生长。

学名：*Euphorbia helioscopia* L.，属大戟科大戟属。

形态特征：植株高10～50厘米，全株有白色乳汁。茎通常由基部分枝，有时带紫红色，上部常疏生长柔毛。叶互生，倒卵形或匙形，先端钝圆微凹，基部宽楔形，边缘在中部以上有细锯齿，茎顶部有5片轮生的总苞叶，形状与下部叶相似。多歧聚伞花序顶生，有5伞梗，每伞梗再生3小伞梗，每小伞梗又第三回分为2叉，辐射对称；杯状花序钟形，雄花有雄蕊1枚，雌花子房有长柄，常下垂。蒴果表面平滑。种子卵形，暗褐色，表面有突起的网纹。

泽漆幼苗

泽漆植株

泽漆花序

泽漆群落

发生规律：越年生有毒草本。种子繁殖，土表5厘米以内土层中的种子有利于发芽，冬小麦田冬前有2个明显的出苗高峰期。适期播种的小麦田内，播后5～6天开始出苗，10～15天达出苗最高峰，20～30天为第二出苗高峰期，小麦越冬期停止出苗，翌春不再出苗。早茬麦出草高峰期为10月上中旬，中茬麦为10月下旬，晚茬麦为11月中下旬，早、中、晚相差30天左右。冬前以营养生长为主，12月20—25日基本停止生长，与小麦的越冬期同步。翌年2月上旬返青，4月上旬为初蕾期，4月中旬为盛蕾期，4月下旬为盛花期，5月上中旬结果，5月底种子成熟，全生育期生长最快的时间为4月中旬至5月上旬。

防治技术：①对泽漆发生量大的地区，每隔1～2年深翻土壤，将含草籽量大的地表土翻深至10厘米以下，以压低泽漆的出苗基数；推广机条播，增施有机肥（基肥），适当增加播种量，早施苗肥及微肥，提升小麦植株长势，促使小麦早发快长，以苗压草；进行水旱轮作，当泽漆种子淹水70天以上时，发芽率极低。②除草剂可选用40%唑草酮水分散粒剂4～6克/亩、20%氯氟吡氧乙酸异辛酯悬浮剂50～70毫升/亩、85%2甲4氯异辛酯乳油45～50毫升/亩、36%噻吩磺隆·唑草酮可湿性粉剂2.8～3.8克/亩或70.5%2甲4氯·唑草酮可湿性粉剂40～45克/亩，茎叶喷雾。

阿拉伯婆婆纳

阿拉伯婆婆纳又名波斯婆婆纳、大婆婆纳、肚肠草、花被草、肾子草、小将军、波斯水苦荬、曲果草、台北水苦荬、燕窝草等。分布于华东、华中、贵州、云南、西藏和新疆等地。阿拉伯婆婆纳主要危害麦类、油菜等夏熟作物，也严重危害玉米、大豆、棉花等秋季作物的幼苗生长。

学名：*Veronica persica* Poir.，属玄参科婆婆纳属。

形态特征：植株铺散，多分枝草本，全体被有柔毛。自基部分枝，下部分枝伏生地面，余斜上，株高10～15厘米；茎基部叶2～4对，对生，有柄。上部叶（也称苞片）无柄，互生。叶卵圆形，边缘有钝锯齿。总状花序很长，花单生于苞腋，苞片呈叶状，花梗比苞片长；花萼4深裂，宿存；花冠淡蓝色、蓝色或蓝紫色，有放射状蓝色条纹；花柄长1.5～2.5厘

阿拉伯婆婆纳幼苗

阿拉伯婆婆纳植株

阿拉伯婆婆纳具长柄的花和果实

阿拉伯婆婆纳群落

米，长于苞片。雄蕊2枚，生于花苞上，短于花冠。蒴果肾形，种子舟形或长圆形，有网纹。

发生规律：一年生或越年生杂草，种子繁殖。种子萌发的适宜温度为8～15℃，土层深度1～3厘米。种子具有3个月左右的休眠期。秋冬出苗，一般在8月底或9月初开始发生，有两次萌发高峰，12月到翌年1月间发生较少，偶尔也延至翌年春季。幼苗期较长，花期相对较短。果期4—5月，果实成熟开裂，种子散落于土壤中。阿拉伯婆婆纳具有很强的无性繁殖能力，其茎着土易生出不定根，新鲜的离体无叶茎段、带叶茎段埋土后均能存活，重新形成植株，并能开花结实。

防治技术：①制定合理的种植轮作制度，形成不利于杂草生长和种子保存的生态环境，缩短土壤种子库内杂草子实的寿命，降低翌年的杂草基数，达到杂草管理的科学性和长效性。例如将旱-旱轮作改为旱-水轮作，控制阿拉伯婆婆纳等喜旱性杂草的发生。②除草剂可选用40%唑草酮水分散粒剂4～6克/亩、36%噻吩磺隆·唑草酮可湿性粉剂2.8～3.8克/亩或70.5% 2甲4氯·唑草酮可湿性粉剂40～45克/亩，对幼苗期的阿拉伯婆婆纳均有良好的防效。

阿拉伯婆婆纳近缘种有直立婆婆纳（*Veronica arvensis* L.）和婆婆纳（*Veronica polita* Fries）。直立婆婆纳茎直立，花为蓝色，但花柄很短；国内华东和华中常见。婆婆纳叶片和花小于阿拉伯婆婆纳，花多为粉红色；华东、华中、西南、西北及北京常见。直立婆婆纳和婆婆纳的危害与防治同阿拉伯婆婆纳。

直立婆婆纳花

直立婆婆纳果实

婆婆纳植株

婆婆纳花

牛繁缕

牛繁缕又名鹅肠菜、鹅儿肠、抽筋草、大鹅儿肠、鹅肠草、石灰菜、伸筋草等。分布于我国东北、华北、华东、中南各省份。牛繁缕主要危害冬春季作物如麦类、油菜等。

学名：*Myosoton aquaticum* (L.) Moench，属石竹科牛繁缕属。

形态特征：植株绿色，幼茎带紫色。成株茎分枝很多，下部伏卧，上部直立。叶膜质，卵形或阔卵形，长2.5～5.6厘米，宽1～3厘米，先端锐尖，基部近心脏形；叶柄长5～10毫米，疏生柔毛，上部叶无柄或柄极短。花单生叶腋或成聚伞花序；花梗细长，有毛；萼片5个，基部稍连合，外面有短柔毛；花瓣5个，白色，较萼片长，先端2深裂；花柱5个，线形。蒴果卵圆形，5瓣裂，每瓣裂顶端2裂。

牛繁缕植株

牛繁缕紫色幼茎和对生叶

牛繁缕花（花柱多为5个）

发生规律：牛繁缕为一年生或越年生草本，种子繁殖。种子为越夏越冬休眠型，适宜发芽深度为0～1.5厘米，超过3厘米则很难发芽。当地表周均温在15～20℃之间时开始发生，周均温为8～15℃时达发生高峰，当周均温在5℃以下、20℃以上时停止发生。全生育期出现两个出苗高峰，其主要原因可能是11月中旬和翌年3月上中旬的气温适宜牛繁缕的发生。花期3—8月，果熟期6—9月。

防治技术：①发生严重的田块可通过深翻及水淹来抑制其萌发，因为牛繁缕的种子只在浅土层萌发，土壤湿度大于66.7%时发芽速度减慢，同时高湿会抑制牛繁缕幼苗的生长。②除草剂可选用75%苯磺隆水分散粒剂

1.4～2克/亩、85%2甲4氯异辛酯乳油45～50毫升/亩、75%异丙隆水分散粒剂80～120克/亩、3%甲基二磺隆可分散油悬浮剂20～35毫升/亩、36%甲基二磺隆·异丙隆可分散油悬浮剂100～200毫升/亩、5%氟唑磺隆·甲基二磺隆可分散油悬浮剂50～70毫升/亩或70.5%2甲4氯·唑草酮可湿性粉剂40～45克/亩。

近似种为繁缕，茎被1（～2）列毛，花柱3个。其发生规律和防治技术同牛繁缕。

繁缕植株

繁缕花（花柱3个）

刺儿菜

刺儿菜又名大蓟、小蓟、大小蓟、野红花、刺刺牙、大刺儿菜等。除西藏、云南、广东、广西外，几乎遍布于全国各地。通过争夺水分和营养危害夏熟作物小麦、油菜等。此外，其叶缘具刺，妨碍人工农事操作。

学名：*Cirsium arvense* var. *integrifolium* C. Wimm. et Grabowski.，属菊科蓟属。

形态特征：多年生草本。茎直立，高30～80厘米，上部有分枝，花序分枝无毛或有薄绒毛。基生叶和中部茎叶椭圆形、长椭圆形或椭圆状倒披针形，顶端钝或圆形，基部楔形，上部茎叶渐小，椭圆形、披针形或线状披针形，或全部茎叶不分裂，叶缘有细密的针刺，针刺紧贴叶缘。头状花序单生茎端，或植株含少数或多数头状花序在茎枝顶端排成伞房花序。瘦果淡黄色，椭圆形或偏斜椭圆形，扁，长3毫米。冠毛污白色，长羽毛状，长3.5厘米。

刺儿菜幼苗

刺儿菜开花植株

刺儿菜群落

发生规律：多年生恶性杂草，具有发达的地下根状茎。以根茎营养繁殖为主，种子繁殖为辅。5—9月间可随时萌发，6—7月开花，7—8月成熟。喜多腐殖质的微酸性至中性土壤，根分布在深50厘米左右的土壤中，最深可达1米。土壤上层的根着生越冬芽，向下则着生潜伏芽。根茎发芽的温度范围为13～40℃，最适温度30～35℃。

防治技术：①土地深翻可消灭刺儿菜的地下根茎，地表覆盖不含杂草子实的麦秆等可减轻刺儿菜的发生和为害，增施基肥，窄行密播，充分利用作物群体抑草。②使用10%苯磺隆可湿性粉剂1.5克/亩、13%2甲4氯水剂60毫升/亩、22%唑草酮+14%苯磺隆混剂0.33克/亩等茎叶喷雾。

泥胡菜

泥胡菜俗名艾草、猪兜菜等。除新疆和西藏外遍布全国各地。

学名：*Hemisteptia lyrata* （Bunge）Fischer & C. A. Meye，属菊科泥胡菜属。

形态特征：一年生草本，高30～100厘米。茎单生，很少簇生，被稀疏蛛丝毛，上部常具分枝，少有不分枝的。基生叶长椭圆形或倒披针形，花期通常枯萎。叶大头羽状深裂或几全裂，侧裂片2～6对，通常4～6对。茎叶质地薄，两面异色，上面绿色，无毛，下面灰白色，被厚或薄绒

泥胡菜基生叶

泥胡菜茎秆

泥胡菜头状花序

泥胡菜具冠毛果实

毛。基生叶及下部茎叶有长叶柄，叶柄长达8厘米，柄基扩大抱茎，上部茎叶的叶柄渐短，最上部茎叶无柄。头状花序在茎枝顶端排成疏松伞房花序，小花紫色或红色，花冠长1.4厘米。瘦果小，楔状或偏斜楔形，长2.2毫米，具冠毛。

防治技术：泥胡菜植株健壮，但发生量少，危害较小。使用20%氯氟吡氧乙酸异辛酯悬浮剂50～70毫升/亩、22%氟吡双唑酮可分散油悬浮剂40～60毫升/亩、25%环吡异丙隆可分散油悬浮剂200毫升/亩，或20%氯氟吡氧乙酸乳油10～20毫升/亩+13% 2甲4氯水剂30～50毫升/亩、48%麦草畏水剂9毫升/亩+13% 2甲4氯水剂50毫升/亩、80%溴苯腈可湿性粉剂48克/亩等除草剂进行茎叶喷雾可有效防除。

附地菜

附地菜又名地胡椒，广泛分布于内蒙古、黑龙江、河南、新疆、江苏、福建、云南等30个省份。通过争夺水分和营养危害小麦生长。

学名：*Trigonotis peduncularis* (Trev.) Benth. ex Baker et Moore，属紫草科附地菜属。

形态特征：一年生或二年生草本。茎基部多分枝，铺散，被短糙伏毛。基生叶呈莲座状，有叶柄，叶片匙形，两面被糙伏毛，茎上部叶长圆形或椭圆形，无叶柄或具短柄。花序生茎顶，花梗短，花后伸长，长3～5毫米，顶端与花萼连接部分变粗呈棒状；花冠淡蓝色或粉色，喉部附属物5片，白色或带黄色。小坚果4个，斜三棱锥状四面体形，长0.8～1毫米，有短毛或平滑无毛。

附地菜幼苗

被糙伏毛的分枝茎

附地菜植株

附地菜群落

防治技术：附地菜在小麦田时有发生，但危害不大。化学防除可使用20％氯氟吡氧乙酸异辛酯悬浮剂50～70毫升/亩、10％苯磺隆可湿性粉剂1.5克/亩、20％氯氟吡氧乙酸乳油10～12毫升/亩+2甲4氯水剂30～50毫升/亩、25％苯达松100～150毫升/亩+20％2甲4氯水剂150毫升/亩、36％唑草酮·苯磺隆可湿性粉剂5克/亩等于冬前或早春茎叶喷施。

野老鹳草

野老鹳草分布于河南、山东、安徽、江苏、浙江、江西、湖南、湖北、四川等17个省份。

学名：*Geranium carolinianum* L.，属牻牛儿苗科老鹳草属。

形态特征：一年生草本，高20～60厘米，茎直立或仰卧，单一或多数，具棱角，密被倒向短柔毛。基生叶早枯，茎生叶互生或最上部对生。茎下部叶具长柄，柄长为叶片的2～3倍，被倒向短柔毛，上部叶柄渐短。叶片圆肾形，长2～3厘米，宽4～6厘米，基部心形，近基部掌状5～7裂，背面沿主叶脉被短伏毛。花序腋生和顶生，长于叶，被倒生短毛和开展长腺毛，每花序梗具2花，花序梗常数个簇生茎端，花序呈伞形。花瓣淡紫红色，倒卵形，稍长于萼，先端圆，雄蕊稍短于萼片。蒴果长约2厘米，被糙毛。

野老鹳草植株

野老鹳草花

野老鹳草果实

防治技术：优先选用10%唑草酮可湿性粉剂1.2克/亩、2%吡草醚悬浮剂1.2克/亩、50%异丙隆可湿性粉剂75克/亩和480克/升灭草松水剂48克/亩，其次是200克/升氯氟吡氧乙酸辛酯乳油6克/亩、10%苯磺隆可湿性粉剂1.2克/亩、10%苄嘧磺隆可湿性粉剂1.2克/亩、50克/升双氟磺草胺悬浮剂0.6克/亩、30%辛酰溴苯腈乳油27克/亩、75%氯吡嘧磺隆水分散粒剂3克/亩和7.5%啶黄草胺水分散粒剂0.6克/亩，茎叶喷雾。

麦蓝菜

麦蓝菜又名王不留行、奶米、大麦牛、不母留、王母牛。分布于除华南外的全国各地。通过争夺水肥和光照危害小麦、油菜、豌豆、蚕豆等。

学名：*Vaccaria hispanica* (Miller) Rauschert，属石竹科麦蓝菜属。

形态特征：植株光滑无毛。成株茎直立，高30～70厘米，全株光滑无毛，上部叉状分枝，节稍膨大。叶对生，粉绿色，卵状披针形或卵状椭圆形，长2～9厘米，宽1.5～2.5厘米，基部稍连合而抱茎。聚伞花序顶生，花梗细长；萼筒有5条绿色宽脉，并具5棱；花瓣5，

麦蓝菜植株

麦蓝菜茎（对生叶，膨大节）

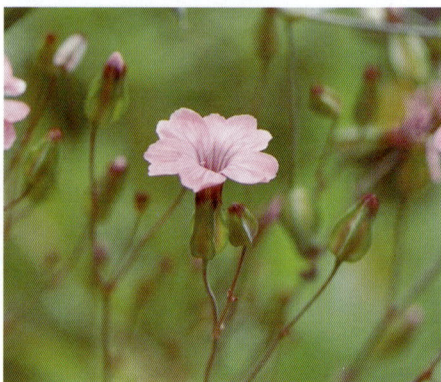

麦蓝菜花序及花

淡红色，倒卵形，先端有不整齐小齿，基部有长爪。蒴果卵形，4齿裂，包于宿萼内。种子多数，球形，黑色。

发生规律： 一年生或越年生杂草，种子繁殖，于冬前萌发，花期4—5月，果期5—6月。种子具有3～4个月的原生休眠期。

防治技术： ①清除田边杂草。田边、沟渠、道路两侧的杂草是麦田杂草种子的主要来源，要根据杂草的生长习性，在杂草开花结籽前及时清除，减少草种数量，降低下季麦田杂草密度。②小麦3叶期后，麦蓝菜出齐苗后，可用75%苯磺隆水分散粒剂1.4～2克/亩或85%2甲4氯异辛酯乳油45～50毫升/亩茎叶喷雾。一般冬前防治时间以11月上旬至12月上旬为宜。春季防除时间为3月下旬至4月上中旬小麦返青后至拔节前。尽量避免在出现冷空气时段用药，抓住晴暖天气加以防除，确保小麦安全生长和除草剂药效发挥。

荠菜

荠菜又名荠、荠荠菜、地菜、地米菜、鸡脚菜、三角菜、粽子菜、耳钩草等。我国南北各地均有分布。通过争夺水分和营养危害小麦、油菜等作物。

学名： *Capsella bursapastoris* Medic.，属十字花科荠属。

形态特征： 植株茎直立，有分枝，高5～50厘米。全株稍有单毛及星状毛。基生叶丛生，呈莲座状，平铺地面，具长柄，大头羽状分裂、不整齐羽状分裂或不分裂，连叶柄长3～10厘米，宽8～20毫米；茎生叶无柄，狭披针形，先端锐尖，基部箭形且抱茎，全缘或具疏细齿。总状花序顶生和腋生；花瓣白色，矩圆状倒卵形，雄蕊6枚，4强。短角果倒三角形，扁平，先端微凹，有极短的宿存花柱。

荠菜幼苗（基生叶）

荠菜开花植株

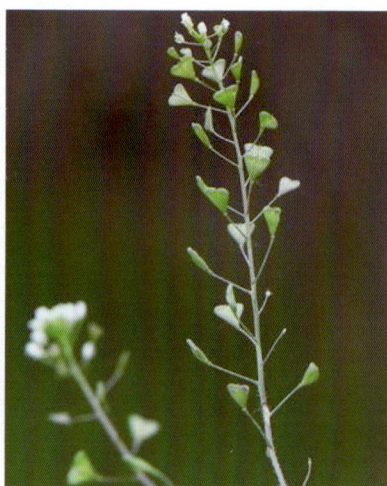

荠菜总状花序及三角状短角果

发生规律：一年生或越年生杂草，适宜在pH为7.5～7.8的中性和微碱性土壤中生长。要求有较好的水热条件和光照，在年降水量为350～800毫米的地区能良好生长。荠菜耐寒，抗旱，能长期忍受0℃以下的低温。相反，荠菜对炎热反应较敏感，因此，到6月以后，当天气渐渐变得炎热时，开始枯黄死亡。荠菜的种子在12～15℃的温度下即可萌发，最适发芽温度15～20℃，当温度低于5℃或高于30℃时不发芽。种子寿命较长，其发芽力可保持5年以上。在我国东北地区，从3月开始萌发或返青，到6月中下旬开始枯黄，其生育期仅为120天左右，大约经过半个月左右的休眠期，又开始萌发，长出新苗，并且新苗的发生可一直延续到10月。其第二次萌发的幼苗，生育期大约为100天。而且，这些再次萌发的植株在当年还可以产生成熟的种子，种子落地后，仍能萌发。所以，在整个生长季节，荠菜可以通过种子繁殖2～3次。在我国南方，例如上海一带，除12月至翌年2月不能生长外，其他10个月都能良好生长，即使到了11月也可以开花结实。

防治技术：①冬前或初春进行人工挖除。②除草剂可选用75%苯磺隆水分散粒剂1.4～2克/亩、75%异丙隆水分散粒剂80～120克/亩、5%双氟磺草胺悬浮剂5～6毫升/亩、20%氯氟吡氧乙酸异辛酯悬浮剂50～70毫升/亩、3%甲基二磺隆可分散油悬浮剂20～35毫升/亩或5%氟唑磺隆·甲基二磺隆可分散油悬浮剂50～70毫升/亩，茎叶喷雾。

北美独行菜（*Lepidium virginicum* Linnaeus）为荠菜的近似种，但北美独行菜具头状短腺毛，茎生叶有短柄，短角果近圆形或椭圆形。原产于美洲和欧洲，现传入我国山东、河南、安徽、江苏、浙江、福建、湖北、江西和广西等地。北美独行菜防治技术同荠菜。

碎米荠（*Cardamine hirsute* L.）幼苗形态也与荠菜类似，但茎秆较粗壮，基部分枝，长角果线形，与荠菜不同。全国各地均有分布，发生规律和防治技术同荠菜。

北美独行菜植株

北美独行菜（总状花序和圆角果）

碎米荠幼苗

碎米荠开花植株

宝盖草

宝盖草又名佛座草、珍珠莲、接骨草。分布于我国华北、华东、华中、西南及西北地区。主要在小麦和油菜生长的早期与之争夺水分、营养和阳光而产生危害。

学名：*Lamium amplexicaule* L.，属唇形科野芝麻属。

形态特征：植株高 10 ～ 40 厘米。茎多紫色，基部有分枝，散生倒向短毛。基生叶微心形，缘具不整齐圆齿，两面均被糙伏毛，叶柄长 1 ～ 2.5 厘米；茎生叶多圆形或肾形，长 1 ～ 2 厘米，宽 1.2 ～ 2.5 厘米，先端钝，基部无柄抱茎。轮伞花序生 2 ～ 10 朵花，腋生；花萼钟状，花冠筒状，紫色或粉红色，密被柔毛，上唇长，直立，略呈盔状，先端被浓密毛，下唇短，中裂片心形，先端深凹，基部收缩。小坚果倒卵形，具三棱，有白而大的疣点。

发生规律：一年生或越年生杂草，种子繁殖，出苗期短而集中，仅有

宝盖草幼苗

宝盖草幼株

宝盖草开花植株

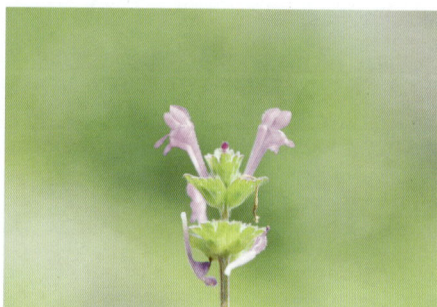
宝盖草轮伞花序和花

40天左右。在我国中部10月上旬小麦播种后5天开始出草，高峰期在10月中旬到11月上旬，这段时间出草数占年出草总数的93%，至11月中旬出草基本结束。11月下旬开始现蕾，12月上旬始花。

防治技术：①坚持实行多种形式的水旱轮作。精选麦种，去除宝盖草籽实，深翻土壤，控制宝盖草种子萌发。施用腐熟有机肥，减少草种再感染。培育壮苗，以苗压草，推广冬前除草的农业综合控制技术体系。②除草剂可选用85% 2甲4氯异辛酯乳油45～50毫升/亩、75%苯磺隆水分散粒剂1.4～2克/亩、40%唑草酮水分散粒剂4～6克/亩、36%噻吩磺隆·唑草酮可湿性粉剂2.8～3.8克/亩或86% 2甲4氯异辛酯·双氟磺草胺悬浮剂20～30毫克/亩，茎叶喷施。

麦瓶草

麦瓶草又名米瓦罐，俗名面条棵、面条菜、麦瓶子、麦罐、香炉草等。分布于我国黄河流域和长江流域各省份，西至新疆和西藏。主要危害麦类、油菜等夏熟作物。

学名：*Silene conoidea* L.，属石竹科蝇子草属。

形态特征：直立草本，高25～60厘米。全株密生腺毛，单一或叉状分

麦瓶草幼苗

麦瓶草植株

麦瓶草对生叶和膨大茎节

麦瓶草花和果实

枝。基生叶匙形，茎生叶矩圆形或披针形，长5～8厘米，宽5～10毫米，先端锐尖，基部稍抱茎，两面密生腺毛。聚伞花序顶生；萼筒长2～3厘米，狭卵形，果期膨大成卵形，具30条肋棱，顶端5裂；花瓣5个，粉红色。蒴果卵形，中部以上变细；种子多数，螺旋状，有成行的瘤状突起。

发生规律：一年生或越年生杂草，喜爱沙石质土壤，有极强的抗干旱能力；根系极发达，茎枝坚挺密实。种子繁殖，在中国北方，麦瓶草9月下旬陆续出土，10月为出土盛期，冬前生长到5～8片叶，进入越冬期。第二年同小麦一起返青，并开始分枝，4月为分枝盛期，以后

麦瓶草危害小麦

起身向上直立生长，4月下旬至5月初开始现蕾开花，5月初为开花盛期，5月中下旬为结实期，6月初为种子成熟期。春季出土的麦瓶草数量少，一般株高较矮，不能结实。

防治技术：①旱田改水田可有效防除麦瓶草的发生。②除草剂可选用

75%苯磺隆水分散粒剂1.4～2克/亩、75%异丙隆水分散粒剂80～120克/亩或86%2甲4氯异辛酯·双氟磺草胺悬浮剂20～30毫克/亩，茎叶喷雾。

田紫草（*Lithospermum arvense* L.）（麦家公）幼苗外形与麦瓶草相似，但前者属紫草科紫草属植物，根紫红色，茎自基部或仅上部分枝有短糙伏毛，叶两面有短糙伏毛。分布于我国黑龙江、吉林、辽宁、河北、山东、山西、江苏、浙江、安徽、湖北、陕西、甘肃及新疆等地。

田紫草植株（紫红色根）

田紫草群落

遏蓝菜

遏蓝菜又名菥蓂，俗名苏败酱、败酱草、布郎鼓等。除台湾、广东、海南外遍布于全国各地。通过争夺水分和营养危害夏熟作物小麦、油菜等。

学名：*Thlaspi arvense* L.，属十字花科遏蓝菜属。

形态特征：一年生草本，全株光滑无毛，深绿色。茎直立，高15～40厘米，不分枝或稍分枝。基生叶早枯萎，倒卵状矩圆形，有柄；茎生叶倒披针形或矩圆状披针形，长3～6厘米，宽5～16毫米，先端圆钝，基部箭形，抱茎，边缘具疏齿或近全缘。总状花序顶生或腋生；花小，白色。短角果近圆形或倒宽卵形，长8～16毫米，扁平，周围有宽翅，顶端具缺口，开裂。种子宽卵形，棕褐色。

发生规律：一年生或越年生杂草，种子繁殖，种子萌发的温度范围为

1～32℃，最适土壤深度为1～3厘米。遏蓝菜适应性广，喜潮湿、温热的气候，生活力极强，生长发育快，耐瘠薄，对土壤要求不严。冬前出苗，花期4—5月，果期5—6月。种子有3～4个月的休眠期。

遏蓝菜植株

遏蓝菜总状花序

遏蓝菜花

遏蓝菜果实

防治技术：除草剂可选用75%苯磺隆水分散粒剂1.4～2克/亩、85%2甲4氯异辛酯乳油45～50毫升/亩、40%唑草酮水分散粒剂4～6克/亩或70.5%2甲4氯·唑草酮可湿性粉剂40～45克/亩等。

主要参考文献

曹玉佩, 2012. 小麦粒线虫病要科学诊断和防治[J]. 北京农业(25): 43.

陈万权, 康振生, 马占鸿, 等, 2013. 中国小麦条锈病综合治理理论与实践[J]. 中国农业科学, 46(20):4254-4262.

董金皋, 2015. 农业植物病理学[M]. 3版. 北京: 中国农业出版社.

康振生, 左豫虎, 王瑶, 等, 1996. 小麦雪霉叶枯病菌侵染过程的细胞学研究[J]. 真菌学报(4):284-287, 323-325.

马占鸿, 2018. 中国小麦条锈病研究与防控[J]. 植物保护学报, 45(1):1-6.

马占宽, 2007. 豫西地区2006年麦田4代黏虫严重发生及越冬情况调查[J]. 中国植保导刊, 27(10):19-20.

商鸿生, 王凤葵, 2017. 麦类病虫害诊治图册(全彩版)[M]. 北京: 机械工业出版社.

孙超飞, 赵亚男, 韩翠仙, 等, 2021. 不同氮肥施用水平下25%乙嘧酚悬浮剂防治小麦白粉病的效果[J]. 植物保护, 47(4): 244-249, 275.

王恒亮, 鲁传涛, 田兴山, 等, 2019. 除草剂作用机理与药害识别图鉴[M]. 郑州: 中原农民出版社.

王运兵, 岳文英, 2003. 麦田中后期昆虫群落结构及演替的研究[J]. 河南职业技术师范学院学报, 31(1):33-36.

魏鸿钧, 黄文琴, 1992. 中国地下害虫研究概述[J]. 昆虫知识, 29(3):168-170.

武予清, 2011. 麦红吸浆虫的研究与防治[M]. 北京: 科学出版社.

夏玉荣, 封超年, 王正贵, 等, 2009. 小麦抽穗至灌浆期蚜虫防治技术研究[J]. 麦类作物学报, 29(3):543-547.

尹钧, 韩燕来, 孙炳剑, 2019. 图说小麦生长异常及诊治[M]. 北京: 中国农业出版社.

于思勤, 孙炳剑, 巩中军, 等, 2021. 小麦有害生物绿色防控技术[M]. 北京: 中国农业科学技术出版社.

袁峰, 2011. 农业昆虫学[M]. 北京: 中国农业出版社.

张宏套, 陈琦, 蒋月丽, 等, 2019. 河南漯河地区金针虫优势种及其与前茬作物的关系[J].

中国植保导刊, 39(8):33-37.

赵江涛, 于有志, 2010. 中国金针虫研究概述 [J]. 农业科学研究, 31(3):49-55.

郑祥义, 原国辉, 1996. 麦田常见食蚜蝇幼虫的鉴别 [J]. 昆虫知识, 33(4):196-197.

中国农业科学院植物保护研究所, 中国植物保护学会, 2015. 中国农作物病虫害(上册) [M].3 版. 北京: 中国农业出版社.

中国农作物病虫害编辑委员会, 1979. 中国农作物病虫害 [M]. 北京: 农业出版社.

朱祥林, 滕金平, 韩国华, 等, 2004. 麦田灰飞虱的发生及其传播的条纹叶枯病对小麦的危害 [J]. 安徽农业科学, 32(2):261-263.

Bailey P T, 2007. Pests of field crops and pastures: identification and control[M]. Collingwood: Csiro Publishing.

Farook U B, Khan Z H, Ahad I, et al., 2019.Petrobian latens (Muller) (Arachnida: Tetranychidae): First record from Jammu and Kashmir, India[J]. Journal of Entomology and Zoology Studies, 7(1): 1196-1198.

Jiang X, Zhang Q, Qin Y G, et al., 2019.A chromosome-level draft genome of the grain aphid *Sitobion miscanthi*[J]. Giga Science, 8(8).

Prescott J M, Burnett P A, Saari E E, et al., 1986. Wheat diseases and pestsa guide for field Identification[M]. Mexico: CIMMYT.

Yan Emden H F, Harrington R, 2017. Aphids as Crop Pests[M]. Oxfordshire: CABI.